複雑な情報を

【理解する】【伝え

エンジニアが
知っておきたい

思考の
整理術

開米 瑞浩 著

インプレス

⫸ はじめに

　本書では、IT エンジニアが業務で得た複雑な情報を整理してきちんと「理解する」、そして他者にわかりやすく「伝える」ノウハウ —— **思考の整理術**について解説します。

　仕様説明や障害報告あるいはシステム提案をする場面で、相手にうまく話が通じずに苦労した経験はないでしょうか。IT エンジニアというのは、複雑な話を人に説明して理解を得なければならない仕事です。そのためには、その内容を自分自身が一番よく理解している必要があります。そこで必要なのが、情報を単にコピペするだけでなく、かみ砕いて自分の中で**思考を整理し再構成する**ことです。

　SNS では「検索で見つけた例をただコピペするだけのコピペエンジニア」がよく揶揄されますが、一方で IT エンジニアの仕事には「○○規格」「××メソッド」「既存のコード」等々、名前は違っても「誰かが作った先例、それをまとめた知見」を学んで活かす場面が多いものです。その過程で「コピペのような作業」は必ずと言ってよいほど何度も発生しますし、それ自体が悪いわけではありません。ダメなのは、**わかっていないのに安易に使うこと**です。自分が理解していないことを人に説明しようとしてもポイントを絞り込めませんし、つじつまの合わない部分が多出して、ちょっと突っ込まれたらしどろもどろになってしまうのがオチです。

　しかし、**わかっていなくても案外通用してしまう**のが、なんでも検索できてしまう現代の恐ろしさ。ChatGPT や Copilot のような生成 AI 系の補助ツールはそれに拍車をかけるかもしれません。私自身、ちょっとしたものであれば、それらの

ツールが期待通りに動くコードを一発で生成してくれるので便利に使っていますし、わかってなくても使えるサンプルの数は間違いなく今後も格段に増えるでしょう。

だからこそ私たちは、コピペで満足せずに**自分自身で考え理解する**必要があります。そこで身につけたいのが、**思考を整理するテクニックと習慣**、つまり**思考の整理術**であり、本書は主にITエンジニアを対象にその基本の部分をまとめました。

もともと、このテーマに近い内容は「わかりやすい文章の書き方」「図解の技術」「話し方」など、文章や図やしゃべりという「人に伝えるアウトプットの手段」

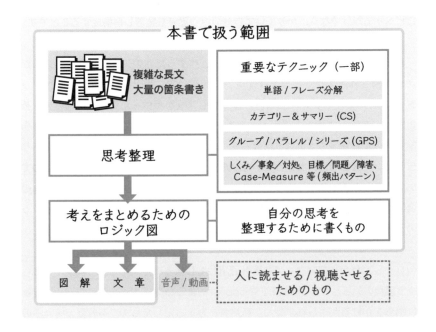

に応じて意識されることが多いですが、本当に重要なのはその前の段階です。つまり、他所から得た話と自分で考えたこと（図中では「複雑な長文」や「大量の箇条書き」の部分）が入り混じって頭の中でゴチャゴチャ、モヤモヤしているときに、それをキレイに整理整頓することです。そこで本書では、**考えをまとめるためのロジック図**を書くことを推奨します。それができればその後は図でも文章でも書けますし、しゃべっても話が通じるようになります。

　そのロジック図を書くために**思考を整理**するわけですが、そのためによく使う重要なテクニックがいくつかあります。1つ1つは単純なものであり、無意識に使っていることも多いものの、全体としてはあまり知られていないし、徹底されていない——それらのテクニックについて本書を通じて知ってください。

　筆者は元ITエンジニアですが、このテーマについて長年独学で調査研究を続けています。2000年以後、多くの雑誌連載や書籍刊行の機会をいただき、2003年からは教育研修プログラムを開発して総合電機、SI、精密機器、製薬など多くの企業から研修依頼を受けてきました。大した学歴も資格もないITエンジニアの筆者がこのような機会に恵まれてきたこと自体が、この問題が普遍的な悩みであることを物語っていると言えるでしょう。

　本書を通じて誰も教えてくれなかった思考（情報）整理のテクニックを知り、コミュニケーションへの苦手意識を解消できる人が一人でも多くなることを願っています。

開米 瑞浩

読者対象

　本書は、主に**報告／連絡／相談が苦手な若いITエンジニア**に向けて書きました。

　報告／連絡／相談、略して**報連相**と言えば、新入社員研修で必ず教わる、社会人のコミュニケーション能力の基本テーマです。これをうまくやるために必要なのが**思考の整理**です。ITエンジニアの仕事では特に、「箇条書き」や「5W1H」のような定番の簡単なメソッドでは整理しきれない、論理的に複雑な情報を扱うことが多いため、それを他人に説明しなければならない**報連相**への苦手意識を持ってしまいがちです。しかし、本書を読めば、その壁を越えるためにふだん何をすればよいかがわかります。特に、「文章だけでは伝わらないことが多いので、図解を駆使して説明したいけれど、どう書いてよいかわからない」と、もどかしい思いをしている方には本書が役に立つでしょう。

本書の構成

　本書は、**図A**右側のように10の章から構成されています。**図A**左側のような、よくある問いに対して、各章で答えていきます。

本書を読むとどうなる？

- 下手な書き方をしている文書を見つけるポイントがわかります
- ちょっとした工夫で、単純な箇条書きのわかりやすさをワンランクアップ させるポイントがわかります
- 実は書かないほうがよかった「無駄な図解」をせずに済ませるようになり ます
- 長い説明文を単純化しすぎずに短く要約できるようになります
- 多数の要素が複雑に入り組んだ構造を持つ情報を、短時間でわかりやすく 図解できるようになります

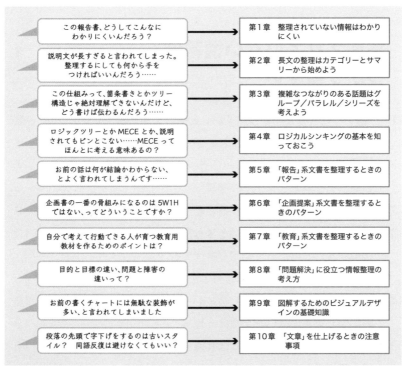

この報告書、どうしてこんなに わかりにくいんだろう？	第1章 整理されていない情報はわかり にくい
説明文が長すぎると言われてしまった。 整理するにしても何から手を つければいいんだろう……	第2章 長文の整理はカテゴリーとサマ リーから始めよう
この仕組みって、箇条書きとかツリー 構造じゃ絶対理解できないんだけど、 どう書けば伝わるんだろう……	第3章 複雑なつながりのある話題はグ ループ／パラレル／シリーズを 考えよう
ロジックツリーとかMECEとか、説明 されてもピンとこない……MECEって ほんとに考える意味あるの？	第4章 ロジカルシンキングの基本を知っ ておこう
お前の話は何が結論かわからない、 とよく言われてしまうんです……	第5章 「報告」系文書を整理するときの パターン
企画書の一番の骨組みになるのは5W1H ではない、ってどういうことですか？	第6章 「企画提案」系文書を整理すると きのパターン
自分で考えて行動できる人が育つ教育用 教材を作るためのポイントは？	第7章 「教育」系文書を整理するときの パターン
目的と目標の違い、問題と障害の 違いって？	第8章 「問題解決」に役立つ情報整理の 考え方
お前の書くチャートには無駄な装飾が 多い、と言われてしまいました	第9章 図解するためのビジュアルデザ インの基礎知識
段落の先頭で字下げをするのは古いスタ イル？ 同語反復は避けなくてもいい？	第10章 「文章」を仕上げるときの注意 事項

図A 本書の構成

contents

第1章
整理されていない情報は
わかりにくい   1

第2章

長文の整理は　　　　　　　　35
カテゴリーとサマリーから始めよう

contents

第4章
ロジカルシンキングの
基本を知っておこう
73

contents

> 第5章
「報告」系文書を
整理するときのパターン　　　　107

>>> 第6章

「企画提案」系文書を整理するときのパターン　　131

contents

≫ 第9章
図解するための ビジュアルデザインの基礎知識   173

contents

POINT

整理されていない情報は
わかりにくい

わかりにくい文章を改善するには情報の整理が必要であり、整理するには**図を書いてロジックを可視化する**のが有効です。ただし「図を書く（＝図を作る）」というのは絵を描くことではなく、**ただの四角い箱と矢印を駆使して「言葉」をつなげる**ことです。そうしてロジックを整理しておけば、文章や会話においてもわかりやすく説明できます。

1-1
「部下の報告書がわかりにくい」と悩む上司たち

▷ 報告書がわかりにくくて読むのがつらい……

「2023年某月某日、ある会社で部門長を務めるN氏は頭を抱えていた。半期に一度、メンバーから提出される業務報告書を読むのがつらいのだ……」

と書き出すと、まるで何かのビジネス小説のようですが、実のところマネジャークラスの人たちからはよく聞く話です。N氏の悩みは、

「わかりにくいので読むのに時間がかかる。それをもとに人事評価しなければいけないのも気が重いけれど、このレベルでお客様向けの文書を書かれても困るので、もっとうまく書けるようになってほしいのだが……」

ということでした（**図1-1**）。

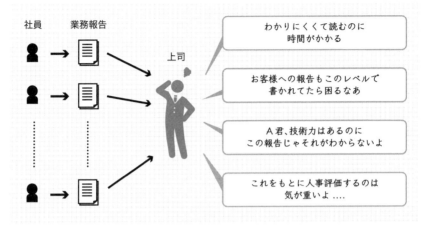

図1-1　わかりにくい報告書に悩む上司

　仕事を進めていくには、さまざまな情報を関係者に伝えなければならず、ITエンジニアはそれを文書で行う機会が多いものです。対面の会話やWeb会議では口頭説明（＋ゼスチャーなど）もありますが、それも文書資料をベースに行うものであったり、事後に要点を議事録化することを求められたりするため、結局のところ文書が必要なケースがほとんどです。その文書には「報告書」の他にも「指示書」「仕様書」「手順書」「マニュアル」など、いろいろな種類のものがあります。中にはチャットやメールで送られる数行のテキストのように名前のないものもあります。現代のホワイトカラーの仕事は毎日が無数のそんな情報伝達で埋め尽くされていると言ってよいでしょう。その情報がわかりにくいと、どんなことが起こるでしょうか？

実例 全体像がわからないトラブル報告

　実例として、ある日、N氏が受信したトラブル報告メールを見てみましょう。簡単に言えば「お客様から受け取った物品を紛失してしまった事件」について経緯を調べた内部報告メモです（**図1-2**）。最終的に正式な対外文書を発行する前に、この種の簡易な報告がテキストメールでやりとりされるのはよくあることです。N氏の職場でも、この種の連絡が毎日何十通と交わされていました。

チームリーダー（以下、TL）経由で顧客より借用したソフトウェアインストール用 CD（以下、CD）を紛失した件は、お客様から物品を借用した際は借用物に対する確認と借用書の発行を行い、受領品管理台帳へ記載する運用となっているのに対して、その運用が遵守されていなかったこと、および CD が借用物であるとの認識が希薄だったため、実作業者から TL への受け渡しを手渡してはなく机上渡しとし、TL もすぐに確認することを怠っていたことが誘因となって発生したものと考えられます。

これじゃ全体像がわからん

図1-2　物品紛失事件状況調査メモ　原文

　このテキストは文法的な誤りや誤字脱字もなく日本語の文章としてはごく自然なものですし、込み入った内容でもないので、一読すればだいたいの内容がわかります。そのため、これを「わかりにくい。書き直せ」と突き返す上司はあまりいないでしょう。しかし、一見問題なさそうなこのメモには、いくつかの欠点があり、**正確に書かれてはいるものの、実は全体像がわかりにくい文書**の典型的な例です。しかし、それは文章のままではわかりづらいので、図解してみましょう（**図1-3**）。

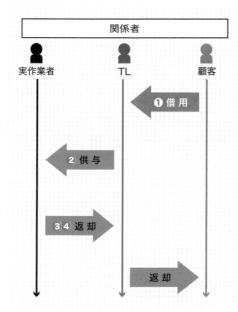

図1-3　物品紛失事件状況調査メモ　図解（ロジック）

この図解を見ると、すぐに以下の情報がわかるはずです。

・全体で関係者は3人いる
・全体で4つの手順があった
・全体で4つの問題があった

これらの情報を**メモ**からすぐに読み解くのは不可能です。たとえば、「関係者」だけ考えても原文では「実作業者」という単語が後半になってやっと出てくるため、何度か読み返して確認しないと「全部で3人」という確証を持てません。

それが**図解**（＝図を書くこと）でなぜわかりやすくなるかと言うと、メモの内容を**整理**しているからです。つまり、

- 「関係者」情報だけをまとめて1箇所に書いている
- 「手順」情報だけをまとめて1箇所に書いている
- 「問題点」情報だけをまとめて1箇所に書いている

という整理をしているので、パッと見て瞬間的に全体を把握することができます。

　もちろん、図を書いたしても、この種の整理ができていない場合はわかりやすくなりません（**図1-4**）。

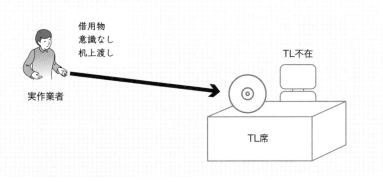

図1-4　物品紛失事件状況調査メモ　図解（ピクチャー）

　図1-4では、「顧客」がいませんし「手順」もなし、「問題」も2つしか書かれておらず、それを番号もつけずに続けて記載しているため、2つの情報なのか、1つあるいは3つの情報なのか区別しづらくなっています。同じ「図解」と言えど、この表現の仕方では全体像を把握できず、原因究明や再発防止といった問題解決にはあまり役に立ちません。原文に書かれている内容をきちんと整理せず、大ざっぱな印象だけで図にしようとすると、こういうものを作ってしまいがちです。

▷ ロジック図解とピクチャー図解

　実は単に「図解」と言うと後者の**図1-4**のようなものをイメージされることが

多いため、ここで両者をハッキリと区別しておきましょう。**図1-3**のようなタイプの図を本書では**ロジック図解**、**図1-4**のタイプの図を**ピクチャー図解**と呼ぶことにします。なお、これは一般的な呼び方ではなく、わかりやすさを考慮して筆者が独自に定義した用語です。

　ロジック図解とは、**ロジック（＝論理性）を表す**ことに力点を置いた図です。そのために言葉を載せた長方形や丸い形を線で区切ったり矢印でつなげたりして論理的な構造を表現します。情報の欠けや順番の狂いがあるとロジックが破綻するため、**必要な情報をモレなく正確に表現する**ことを重視します。その結果、文字は多くなりがちです。

　ピクチャー図解とは、**その場面を映像として切り取った絵（イラストや写真）の**ような図のことで、**目に見える映像指向**であり、文字が少なくなりがちです。たとえば、**図1-4**には人を表すアイコンや机、椅子、CDの「絵」があります。これが**目に見える映像指向**ということです。ロジック図解の**図1-3**には同様の絵はなく、代わりに「借用、供与、返却、返却」のような手順をきっちりと書いています。「借用」も「返却」も写真に撮ったら単にものを渡している場面になるため、映像としての差はあまり出ませんが、その意味は正反対です。言葉を使うことで**映像化しにくい意味の差をハッキリ表現する**のがロジック図解であり、何かにつけて映像を使おうとするのがピクチャー図解であると考えてください。

　繰り返しになりますが、一般的に「図解」と言うとピクチャー図解をイメージするケースが多いのです。しかし、**特にITエンジニアの仕事で主力になるのは、ロジック図解**なので注意しましょう（**図1-5**）。言語化しにくい情報を扱うならピクチャー図解が必要な場合もありますが、ITエンジニアの仕事ではそういった場面は少なく、**言葉を明確に使うことが決定的に重要**です。「図解」と言っても、その真価が発揮されるのは**言葉の扱い方**によってなのです。だからこそ、ロジック図解を書くためには、**情報を徹底的に整理しなければなりません**。

ロジック図解	・文字が多い ・箱と矢印を多用する ・ロジックをモレなく正確に 　表現するのに向く	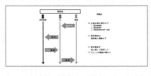
ピクチャー図解	・文字が少ない ・イラストや写真を多用する ・ロジックよりも「一言で表 　せる印象」を表すのに向く	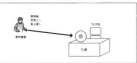

図1-5　ロジック図解とピクチャー図解

1-2
情報整理とは
思考を整理すること

　前節で「情報を徹底的に整理しなければならない」と書きましたが、**情報整理と**は実は**自分の考え（＝思考）を整理し決断すること**です。

　仕事をする中で何かを決めるために**情報収集**するときは「関係ありそうな情報をとりあえず全部集めてみる」段階がありますが、そうやって集めた大量の情報の山はたいていよくわからないもので、量だけが多くて「頭の中はゴチャゴチャ、モヤモヤ……」であるのが普通です。

　そこで行うのが**情報整理**であり、目的に応じて「大量の情報」を分解して取捨選択し再構成します。そうして作るのが、前節で触れた**ロジック図解**です（**図1-6**）。ロジック図解とは論理的に全体像を把握できる図のことであり、これがうまく作れれば「そうか、こういうことだな！」と自分自身の理解に自信が得られます。

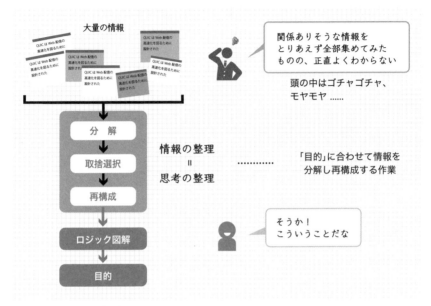

図1-6　情報整理は思考の整理

　ただし、「情報整理」と言っても、あらかじめ決まった1つの整理方法があるわけではありません。実際には、同じ情報を「整理」するにも、その方法は複数あるのが普通で、どれを採用するかは整理する人が決めなければなりません。「こういう場合はこうしよう」といった、ある程度のガイドラインはあるものの正解はなく、最終的には「自分の責任でこう決める！　エイヤッ！」とやらなければいけないのです。「自分の意見」を持たない人はこれができません。以前、ある研修の際に「結局どうすればいいんですか？　こうやればうまくいく、という確実な方法を教えてください」と言われたことがありますが、そんな都合のよい正解はないのです。しかし、「誰かが教えてくれる正解を覚えて使うのが仕事」と思っている「誰も正解を知らない問題への対応を自分で決められない人」は、このハードルを越えられずに行き詰まります。

　情報と言うと「他所からもらうもの」というイメージがありますが、**思考**は「情報をもとにして自分の脳内で考えることであり、作り出すこと」です。**情報整理**と

は、実は**思考の整理**そのものなので、**自分で考え、自信がなくてもエイヤッと決め
る**という意識を持ってください。本書では、これ以後「情報整理」と「思考の整
理」を区別せず、同じ意味で使います。

ロジック図解は
図解しないときも役に立つ

　「ロジック図解は、図解しないときも役に立つ」なんて、お前はいったい何を
言っているのかと思われそうですが、話は単純です（**図1-7**）。ロジック図解の本
質は人に見せる前に自分の考えをまとめる**情報整理**なので、それができればチャッ
トやメールのようなテキストコミュニケーション、あるいは電話や対面の口頭コ
ミュニケーションでもわかりやすい話ができるようになります。

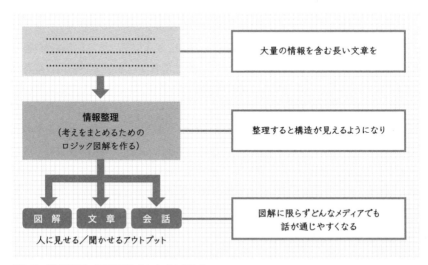

図1-7　「情報整理」は図解をしないときも役に立つ

実際の例を見てみましょう。**図1-2** p.4 に掲載した物品紛失事件の原文について、**図1-3** p.5 のようなロジック図解ができるぐらいに情報を整理してあると、口頭（たとえば電話で）でも以下のように説明できます。

> この事件には顧客、チームリーダー（以下、TL）、実作業者の3人の関係者がいます。流れとしては顧客からTLが借用したCDを実作業者に渡し、実作業者が作業終了後にTLへ、さらにTLから顧客へ返却するという手順で、その途中で4つの問題がありました。第1に借用時に正規手順を遵守しなかったことです。（以下略）

図1-3とつきあわせると、**関係者**、**手順**、**問題**の順に全体像を明示しながら話を進めていることがわかります。「情報整理」をしっかりやっていると図を書かなくてもこのような話し方ができるため、テキストや口頭だけのコミュニケーションにも役立つというわけです。

▶ 図解することによって情報を整理する？

ここまで読むと「図を書かなくても、というのは言い過ぎなのでは？」と思われるかもしれません。通常「情報整理」とはロジック図解を書くことを通じて行うため、この両者は一体にして不可分だからです。しかし、実はロジック図解に慣れてくると、頭の中だけで主要な構造をイメージできるようになるので、図を書かなくても、自分がしゃべるときやテキストを書くときに役に立ちます。

「慣れてくると頭の中だけで主要な構造をイメージできる」と聞いても信じられないかもしれませんが、これは単に慣れの問題で、何度もやっていればできるようになります。というのは、「主要な構造」は案外単純なものであることが多いからです。たとえば、**図1-3** p.5 は、**図1-8**のような構造です。

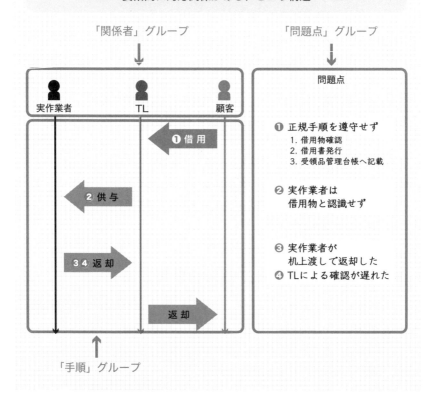

図1-8　ロジック図解の構造は意外に単純

　全体が**関係者／手順／問題点**の3グループに分かれており、各グループには具体的な要素（たとえば、「顧客」や「借用」）がいくつか含まれており、それらの要素間に何らかの対応関係がある（たとえば、「供与」はTLと実作業者の間の手順であり、そこに問題点❷が存在した）というわけです。構造とは、このように**グループ／要素／対応関係**という3つの観点で考えるケースがほとんどです。そして「対応関係」の基本は**関係があるものは縦または横に真っすぐ並べておく**ことであり、これも単純なので脳内だけでかなりできるのです。

▶「頭の中で情報整理」する思考の動きを追う

実際に「頭の中で情報整理」するときの思考の動きを追ってみましょう（**図1-9**）。

人が何人か出てくるな……**全部で何人？** 3人だよな？ うん、ほかにはいない。「**関係者**」**グループと呼ぶ**ことにしよう。	複数出てくる同種の要素に注目 同種の要素を「全部」探す グループ化して名前をつける
で、彼らは**何をした**のか……借りるときの運用を守らなかった、受け渡しを手渡しじゃなく机上でやった、とか。	やったこと（動詞）に注目
うーん、こういうのは「**問題**」だな。「問題」というのは仕事の**手順**の途中で起きるものだけど、手順については……書いてないね。	ネガティブ情報に注目
手順を明確化した方がいいね。この話の場合はTLが顧客と作業者の間に入ってるみたいだから、**借用・供与・返却・返却でどうだ？** ……うん、よさそう。	スタンダード情報に注目
借用物の認識が希薄だったというのは供与時にしっかり言っておかなかった**可能性が高いから**「**供与**」に関係する問題だろう。机上渡しと確認遅れは実作業者からTLへの返却時の問題だな。	不足している情報を補う 一連の流れを作る 対応関係を推定する

図1-9　脳内で情報整理するときの思考の動き

「人が何人か出てくるな」という一文と、複数出てくる「同種の要素」にまず注目します。長文には大量の情報が含まれていて、たいていその中にいくつか同種の要素があります。それを見つけたら、同種のものを全部探しましょう。今回の文例で「実作業者」が後半に初めて出てくることからわかるように、全体像を意識せずに書いた長文（世の中の大半の文章がそうです）では同種の情報があちこちに散らばっています。それらを全部探します。

　探し出したら、それを1つのグループと考えて名前をつけます。**グループ**とは、本書でこの後も何度も出てくる重要な考え方です。といっても、単に**似たものを見つけたら名前をつけろ**というだけ。要するに**分類しろ！　徹底的に！**というだけのことですが、世間の大半の文章はこれを中途半端にしかやっていません。今回も「関係者」という名前は原文にはないため、ここで名前をつけます。

　次に、「何をした」という「動詞」に注目します。今回最初に見つけた「同種の情報」である「関係者」グループの要素は顧客やTLという名詞でした。1つの文は、主語（名詞）と述語（動詞）で構成されるので、次は動詞を探しましょう。ただし、最初に目につく「同種の情報」グループが動詞の場合もありますから、その場合はそれに対応する名詞を次に探します。要するに、**名詞と動詞はセットになる**と考えましょう。

　ネガティブ情報に注目というのも、よく使う観点です。トラブルの報告には「勘違い、誤解、誤操作、疲労、不良品」……など、何らかのネガティブ情報が必ずあるのでそれを探します。

　スタンダード情報とは、たとえば「この仕事にはA、B、Cの工程があります」のように、単に「普通のもの、基準になるもの、当たり前のもの」を説明する情報です。次の例文を見てください。

> 卵焼き製造ラインで、卵を割る工程において卵殻が混入した

　卵焼き製造ラインでは「卵を割る工程」は必ずありますから普通であり当たり前のもので、これが**スタンダード情報**です。しかし、「卵殻が混入」は普通ではないので**ネガティブ情報**です。トラブルを報告する場合、上記例文のようにスタンダード情報とネガティブ情報がセットになることが多いものの、**ネガティブ情報だけ書かれていてスタンダード情報を省略しているケース**が少なくありません。実際、今回の例文では「借用／供与／返却／返却」という「順調にいけばこういう流れで進むはず」のスタンダードな手順を明示していませんでした。実は、スタンダード情

報は「当たり前」な話なだけに「書かなくてもわかるだろう」と省略されやすいのです。何がスタンダードなのかをわかっている当事者間のコミュニケーションなら省略してもなんとかなりますが、外部に報告するときはそれでは足りません。

そこで、**不足している情報**を補います。スタンダード情報に限らず、いろいろな部分に不足があるのが普通なので、省略されている情報を探して書き足してください。その**不足を補う**際によくやるのが**関係性の推定**です。今回の例文では「○○の可能性が高いから……だろう」と推定しています。こうした関係性を明示せずに書かれる報告書も極めて多いため、推定できる部分は推定します。

以上、ざっとこんな過程を経て**情報整理**を行い、**図1-3**ができあがります。

「うわっ、なんだかいっぱいあって難しそうだな……」と思うかもしれませんが、何度もやっていれば慣れてきて当たり前になるので安心してください。**ネガティブ情報**や**スタンダード情報**はトラブル報告では必ずありますし、「複数出てくる要素に注目しグループ化して名前をつける」のはトラブル報告に限らずあらゆる文書で共通です。いずれも数回やってみれば感覚はつかめます。

ただし、はじめのうちは脳内ですべてをこなすのは難しいので、図を書きながらやりましょう。その場合は手書き、あるいは描画機能の操作性が良いツールを使うのがおすすめです。具体的には、**一番手近な描画ツールはMicrosoft PowerPoint**でしょう。

本来、PowerPointはプレゼンスライド作成ツールなので、描画関係は機能／操作性ともに多少不満が残る作りではあるもののギリギリ及第点に達していて、プレゼンスライドに貼り付ける簡単な図を作る用途なら十分です。ネットワーク構成図のような細かな図を書くならMicrosoft Visioのほうが便利ですが、たとえば簡単な図を含む20ページのプレゼン資料を作るのに何度もVisioとPowerPointを行ったり来たりするのは煩わしいものです。その場合はPowerPointだけで完結するほうが楽ですし、逆に設計書として数十ノード以上もの大きなネットワーク構成

15

図を書くなら Visio のほうが楽でしょう。

　IT 部門では Excel で設計書や仕様書を書く場合も多く、やはり「Excel だけで完結するほうが楽」という理由で描画も Excel で済ませようとする傾向がありますが、**ごく簡単な図で済む場合を除いて、Excel はおすすめしません。**

　Excel の描画機能は PowerPoint と同じ体系ですが細かな操作性が悪いため、「一度書いたらそれを修正するのを避ける」方向に意識が働きがちです。「ゴチャゴチャ、モヤモヤした情報」に対して自分の思考を整理するために図を書くときは、細かな修正あるいは抜本的な書き直しを何度もしなければなりません。このような際に、操作性の悪さが致命的な欠点になりやすいのです。

1-4

「情報整理」とは何なのか

　ここで、**情報整理**とは何なのか、端的なイメージをお見せしましょう。**図1-10** では、ボルトとワッシャーを例に、「乱雑な状態」と「整理された状態」の違いを表しています。

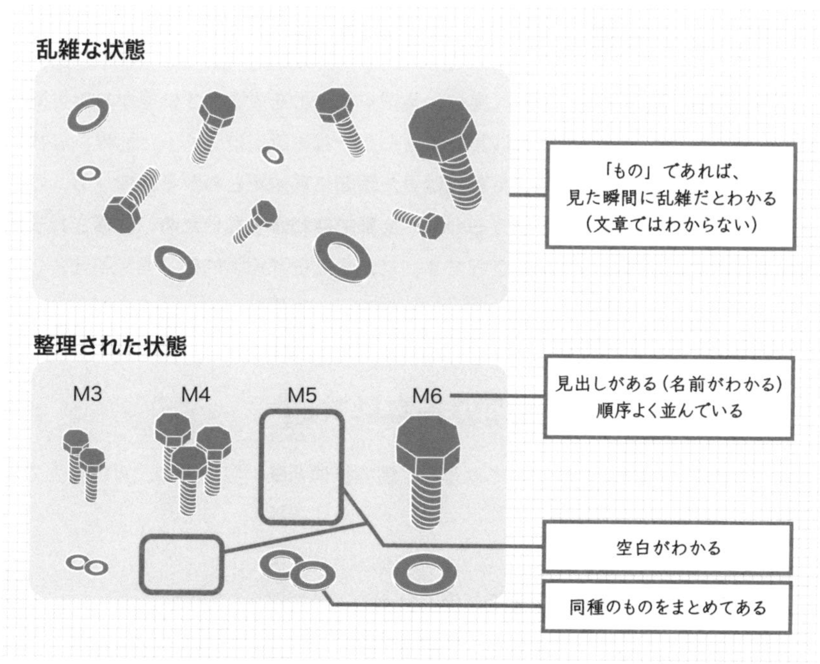

乱雑な状態

「もの」であれば、
見た瞬間に乱雑だとわかる
（文章ではわからない）

整理された状態

M3　　　M4　　　M5　　　M6

見出しがある（名前がわかる）
順序よく並んでいる

空白がわかる

同種のものをまとめてある

図1-10　乱雑な状態と整理された状態の違いのイメージ

「乱雑な状態」のほうはパッと見た瞬間に「あ、ゴチャゴチャしてるな（整理されていないな）」とわかります。対して、「整理された状態」のほうを見るといくつかの特徴があります。

- M3、M4といった見出しがあり名前がわかる（注：M4は直径4ミリという意味）
- 3、4、5、6と順序よく並んでいる
- 空白が目立つ（注：本来M5のボルトとM4のワッシャーがあるべき場所が空白、つまり欠品していることがわかる）
- 同じモノ（物）が複数あることがわかる（注：M4のボルトが3本、M5のワッシャーが2枚）

「整理された状態」であればこれらの情報は一瞬でわかりますが、「乱雑な状態」の場合はあちこちに散らばった絵を必死に数えなければわかりません。

▷ 思いつくままに書いた文章は乱雑

これが**乱雑**と**整理**の違いです。実は、整理することを意識せずに書かれた世間一般の文章の大半が――100%とは言いませんがそれに近いほど――「乱雑」な状態になっています。問題は、**モノであれば見た瞬間に乱雑だとわかるので「あ、これは片付けなきゃいけない」と思える**のに、**文章ではわからないため、改善されず乱雑なままの文章が横行している**ことです。だからこそ、意識的に「情報整理」していかなければなりません。

▷ 情報整理とモノ整理の基本は共通

ここで**図1-9** p.13 と見比べてみると、情報整理とモノ整理の共通点が見えてきます。

- 複数出てくる同種のものをまとめている
- 空白部分（不足している情報）に注目する

このあたりが共通部分ですが、一方で相違点もあります。**図1-10** p.17 で例示したような「機械部品の在庫」といったモノ整理の場合、ネガティブ情報やスタンダード情報にあたるものは出てきませんし、やったこと（動詞）という概念もないのが普通です。関連性の推定も、モノの場合は「M4のボルトにはM4のワッシャーを使う」のように単純明瞭なことが多く、物品紛失事件のようなトラブル情報での関連性推定よりも楽です。

「同種のものをまとめる」という一番基本的な共通点にしても、モノの場合は「M4ボルト」と言えばまったく同じものが複数並ぶうえにすでに名前がついているのに対して、「関係者」は原文では「顧客、TL、実作業者」のようにそれぞれ違う名前で出てきています。そのため、「これはみんな人間だから関係者と呼ぶことにしよう」と、「抽象化して名づける」必要があり、ここにかなりのハードルがあります。

　つまり、情報整理はモノ整理よりも難しいのです。では、この情報整理の力を上げるには、どうすればよいでしょうか？

1-5
報告書の添削を続けたら
クオリティが向上する

　ここで１つ明るい材料を紹介しましょう。私の顧客で、ちょうど冒頭のＮ氏のように「社員の業務報告書がわかりにくい」という悩みを抱えていた会社があり、ある時期から添削を引き受けることになりました。その結果、報告書の品質は数年で格段に向上したのです（**図1-11**）。

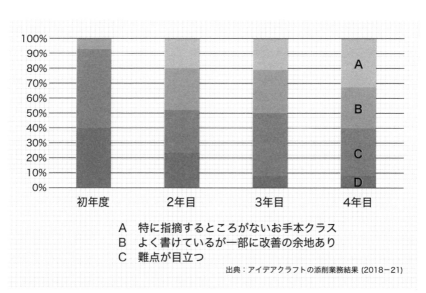

```
A　特に指摘するところがないお手本クラス
B　よく書けているが一部に改善の余地あり
C　難点が目立つ
```

出典：アイデアクラフトの添削業務結果（2018-21）

図1-11　業務報告書の品質評価推移

　グラフのA〜Dは報告書の品質を総合評価した指標で、初年度はゼロだったA評価が2年目で2割、4年目で3割を超えるまでになり、合格点と言える**A＋B**の合計も初年度1割以下だったものが2年目には5割に達しています。

　このことを、あるコンサルタントの友人に話したところ、「この種の添削で効果を上げるのは難しいんだよね。すごいね」と言われました。なぜ効果が上がりにくいのかを聞いたところ、「直してあげることはできても、理論化／体系化が難しいので、本人に考え方を伝えることができず、なかなか応用して自力でやれるようにはならない」ということでした。そう言われると確かに思い当たるふしがあります。以前、ある「上司」の立場の人から聞いたことの1つが「下手な文書を直してやることはできるけれど、俺が直しても意味ないんだよね。自分でできるようになってもらわないと。でも、どんなふうに教えればそうなるのかがわからない」という話でした。

　となると、なぜこの会社では成果が出たのか、そのほうが気になります。その理由として考えられることが4つあります。

意識づけ	会社としてそれを重視していることを示した
体系化	書き方ガイドラインを用意した
関連性	実業務で使う報告書に対して添削をした
教訓化	添削時にシンボリックな教訓フレーズとサンプルを使った

　1つ目の**意識づけ**は大前提で、この会社では「わかりやすい文書作成能力」を重視し、そのために時間とお金をかけていました。念のために言っておきますと、お金だけかけても無駄です。それは「社員を研修に行かせてみたものの、そこで学んだことが現場で実践されない」ということが、人材育成のよくある悩みであることからも明らかです。真に必要なのは**本気で取り組む**ことであり、お金はそれを増幅することしかできません。ゼロに何を掛けてもゼロなのです。

　2つ目に、業務報告書を書くにあたって参考にしてもらうための**書き方ガイドラ**

インを私が提供していました。これが結果として**体系化**の意味を持ったと思われます。

3つ目の**関連性**は、実業務で使う報告書に対して添削を行ったことです。研修内容が実践されない大きな理由の1つに「学んだことが実業務のどこで使えるのかわからない」ことがありますが、実業務でもともと書いている報告書に対して添削を行うことで、その関連性が明確になりました。

4つ目の**教訓化**は、添削時に単に修正方法を示すだけでなく、記憶に残りやすい象徴的な「教訓フレーズ」とその実例（サンプル）をつけたことです。これによって、「そういえばあのときのアレみたいにやればいいんだな」と思い出しやすく応用しやすくなります。

もともと書いている業務報告を添削するので社員にも上司にも新たな負担はないうえに、同じ理由で業務との関連性が明瞭で応用しやすいので効果が上がりました（**図1-12**）。ただしこの方法は、社員の負担はなくても、会社がこれを実行するハードルはそれなりに高いものがあります。それは、「誰が添削するのか？」ということです。実業務の報告書を使う以上、そこに書かれている内容を理解できる人間でなければ、効果的な添削はできません。私はもともとIT技術者ですからソフトウェア会社の報告書に出てくる専門用語を理解できましたが、同じことを専門知識のない人にできるとは思えません。逆に、私もまったく予備知識のない業界の報告書を添削するのは、なかなか難しいことでしょう。さらに、実業務の文書を読む以上は機密保持契約を結ぶ必要もあります。

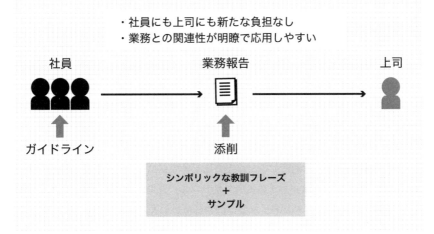

・社員にも上司にも新たな負担なし
・業務との関連性が明瞭で応用しやすい

社員　　　　　　　　　　業務報告　　　　　　　　　　上司

ガイドライン　　　　　　　添削

シンボリックな教訓フレーズ
＋
サンプル

図1-12　業務に直結した添削なら効果が上がる

　このようなハードルはあるものの、成果は期待できるため、「自社社員にわかりやすい文書作成能力を身につけさせたい」と考えている方は参考にしてください。

1-6

ベタ書きの文章と無分類の箇条書きには要注意！

　情報整理の能力は、意識的に磨けば確実に伸びます。ではそのためには何をすればよいのでしょうか？

　まず、**ベタ書きの文章や無分類の箇条書きは要注意**と考えましょう（**図1-13**）。

　ベタ書きの文章とは「区切りがないまま何行もベタッと続く文章」のことで、学校の作文で書く「原稿用紙のマス目を埋め尽くすような文章」は基本的にこれです。作文教育で一番よくあるスタイルなので、これを問題と思わない人が多いので

すが、情報整理できていない状態のまま気づかれず改善されにくいという欠点があります。区切りと見出しのある文章なら問題は少ないです。

　無分類の箇条書きとは文字通り、分類されずに列挙されている箇条書きのことで、これには注意しましょう。私の経験上、5箇条以上の箇条書きは、ほとんどの場合、何らかの分類が可能です。分類したほうがわかりやすくなることが多いため、これがたとえば10箇条もベタッと続いていたら**超**危険信号です。実務的には、（5箇条と言いたいところですが）6箇条以上の無分類箇条書きには気をつけるとよいでしょう。4箇条以下なら情報量が少ないので、無分類でもあまり問題になりません。

ベタ書きの文章

チームリーダー（以下、TL）経由で顧客より借用したソフトウェアインストール用CD（以下、CD）を紛失した件は、お客様から物品を借用した際は借用物に対する確認と借用書の発行を行い、受領品管理台帳へ記載する運用となっているのに対して、その運用が遵守されていなかったこと、およびCDが借用物であるとの認識が希……

学校の作文のように、空間を埋め尽くすように区切りのない形で書かれた文章には要注意

区切りと見出しのある文章

【事件の概要】
顧客から借用したソフトウェアインストール用CDを紛失する事件が発生しました。

【関係者】
この事件の関係者はチームリーダー、顧客、実作業者です。

【正しい手順】
………………

区切られて見出しがついていれば問題は少ない

無分類の箇条書き

(1) ……………
(2) ……………
(3) ……………
(4) ……………
(5) ……………
(6) ……………

6箇条以上の箇条書きで分類がないものには要注意

分類のある箇条書き

必要機材
(1) ……………
(2) ……………
(3) ……………
設置手順
(1) ……………
(2) ……………
(3) ……………

分類のある箇条書きなら問題は少ない

図1-13　ベタ書き文章と無分類の箇条書きには注意

▷ 要約／構造／パターンを考える

　図1-14を見てください。この図中に「あの話と、この話と、そういえばこの話も」とあるように、現実にはほとんどの人は何かを書くときにとりあえず思い出した順番に書いてしまい、それで「必要なことは書いたから完成」として、それ以上何もせずに人に見せるのが普通です。この段階でできるのは、ベタ書きの文章あるいは無分類の箇条書きであって、完成品ではなく「そこから情報整理をしていくための素材」であると考えてください。

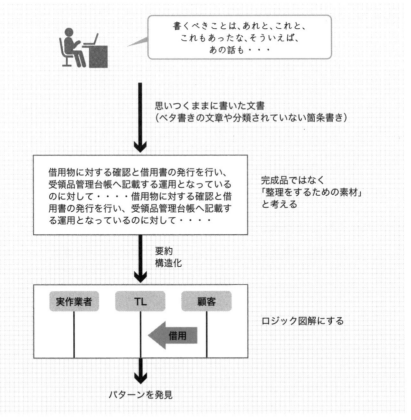

図1-14　要約／構造／パターンを考える

その素材に対して**要約**や**構造化**をしてロジック図解を作り、そこから**パターンを発見**するというのが望ましい段取りです。これらについては後述します。

▷ 人に見せて意見を聞き、取り入れる

文章をロジック図解化したら、次はそれを人に見せて意見を聞き、取り入れましょう。文章とロジック図解の両方を見せて「こんなふうに整理できると思うんですが、いかがでしょうか？」「わかりにくいところがあったら教えてください」というように意見を聞きます。自分では気づきにくい問題を見つけるには、人に見せるしかありません。その際、人によっては、「他人の仕事にダメ出ししたがらない」、あるいは「よく考えずに何にでも『いいね！』と言う」タイプもいて、聞いても参考にならない場合もあります。

前者のタイプは、「とにかく本気で情報整理の水準を上げたいと願っているので、本音を言ってください！」と真剣にお願いしましょう。後者のタイプは、改善の参考にはなりませんが、「いいね！」と言われたらうれしいものですし、自信もつきます。人間は長い目で見たら「やってうれしいこと、楽しいこと、自信が持てること」しかやらないものです。情報整理を自分だけでやって誰にも見せずに自信がつくことはありません。「自信」とは人に評価されて初めてつくものなので、「いいね！」と言ってくれる人は大事にしましょう。世の中にはひたすらあらさがしをしてケチをつけたがる人もいますが、そんなタイプは敬遠しておくに限ります。

要約と構造化の徹底を図る

　要約とは、**重要なポイントを短く言う**ことです。長い情報はなかなか伝わりませんので、重要な部分を見極めて短くまとめ、それを目立たせる必要があります。そうして目立った部分で興味を引けば、残りの部分も伝わる可能性が高くなります。

　たとえば、次の例文はどのように要約できるでしょうか?

> RustはC言語の代替を目標に設計された言語で2015年に1.0版がリリースされ、2023年10月の最新版は1.73.0です。Rustという名前はさび菌にちなんでつけられましたが、言語としてはすぐれた安全性や高速性を備えています。

　候補は次の2つです。

A:Rustの設計目標はC言語を代替すること
B:Rustの言語としての特徴はすぐれた安全性と高速性

　この要約は、いずれも**カテゴリー&サマリー**というフォーマットであることに注意してください(**図1-15**)。

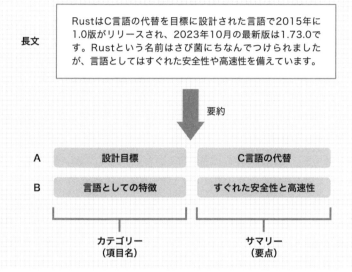

長文

RustはC言語の代替を目標に設計された言語で2015年に
1.0版がリリースされ、2023年10月の最新版は1.73.0で
す。Rustという名前はさび菌にちなんでつけられました
が、言語としてはすぐれた安全性や高速性を備えています。

要約

| A | 設計目標 | C言語の代替 |
| B | 言語としての特徴 | すぐれた安全性と高速性 |

カテゴリー
（項目名）

サマリー
（要点）

図1-15　要約はカテゴリー＆サマリーで考える

　カテゴリーはいわば**項目名**にあたる情報で、**サマリー**はその項目の**要点**です。図中では、「Rustの」という共通部分は省略してあります。要約は、この**カテゴリー＆サマリー**という組み合わせになる場合が非常に多いので、長文があったら、そこからいくつか**カテゴリー＆サマリー**の候補を探しましょう。すると、よくあるのが**カテゴリーを表す言葉が原文にない**というケースです。実際、今回の原文を読んでも「特徴」という言葉はありません。これがないと、「言語としての」だけではカテゴリー（項目名）として成立しないので、補う必要があります。

　実はこのようにカテゴリーにあたる言葉が省略されているケースは非常に多く、文章がわかりにくくなる大きな原因の1つですが、普通に読んでいても気がつきません。カテゴリーとサマリーを区別して要約を書こうとしたときに初めて気がつきます。カテゴリーとサマリーについては第2章で詳しく説明します。

▶ 分類／並列／順番の構造を探せ

　要約と並んで重要なのが**構造化**です。情報量が多くても、それらの間に何らかの整然とした「構造」があれば理解しやすくなるので、どんな分野にも必ずある最も基本的な構造として押さえておきたいのが、**分類／並列／順番の3種類**です（図1-16）。

　分類とは、**個別の要素の中に何らかの共通点を見つけてひとまとめにする**ことです。たとえば「赤、緑、青は光の三原色です」という文は、「赤、青、緑」という3つの色を「光の原色」という共通点でひとまとめにしています。分類には、その**共通点を表す名前**（たとえば「光の三原色」）をつけます。ただし本書では、これ以後「**グループ（グループ構造）**」という用語を主に使いますので、**グループ構造、グループ化と言えば分類のこと**だと思ってください（「グループ」という用語は、すでに**1-3節** p.12 でも使っています）。

　並列とは、「赤の波長は700nm前後、緑の波長は546nm前後……」のように、**複数の対象物について共通の項目で評価した情報を並べる構造**です。整理する際は、必然的に表形式になります。本書では、これ以後「並列、並行」を意味するParallelという英語からとった「**パラレル（パラレル構造）**」という用語を主に使います。なお、「赤に対応するのは700nm、緑に対応するのは546nm……」のようにも言えるので、**並列の代わりに対応構造**と呼ぶ場合もあります。

　順番とは、「波長が長い順から並べると赤、緑、青の順です」のように、**複数の対象物に何らかの基準で順序づけをした構造**です。図1-16では「基準」として光の波長を使っていますが、他にも因果関係、位置関係、時系列など、さまざまな指標が基準になります。本書では、これ以後「連続したもの」を意味するSeriesという英語からとった「**シリーズ（シリーズ構造）**」という用語を主に使います。

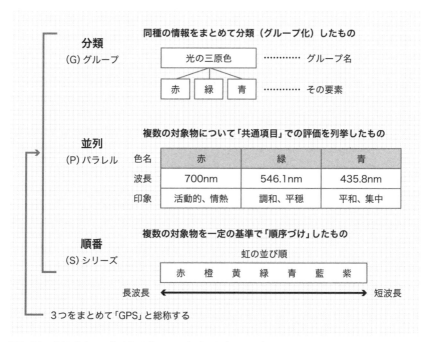

図1-16　分類（グループ）／並列（パラレル）／順番（シリーズ）

　なお、わざわざ英語を使う理由は3つをまとめて**GPS**と短く一言で言える（表現できる）ようにするためです。カテゴリー＆サマリーも頭文字をとれば**CS**と略せますので、たとえば会社の中で共通認識があれば、

部下：先日の障害の報告書です。

上司：ありがとう。ちゃんとCS、GPS整理した？

部下：そのつもりです！

のように、一言で意識づけができます。このように何度も折に触れて思い出せるようにするには1秒で言えるような短い言葉が必要なので、**CS、GPS**という略称を使えるように英単語を使っています。そのくらい短い言葉で何度もしつこく注意喚起しなければならないほど、この**CS**と**GPS**という考え方は重要なのです。長文、つまり情報量が多くなればそのどこかにこの**GPS**の構造が必ず出てくるので、徹底的に追求し構造化してください。

▶ グループ化、徹底的にしてますか？

CS（**カテゴリー＆サマリー**）と**GPS**（**グループ／パラレル／シリーズ**）は、いずれも理屈としては単純なもので、一見難しそうには見えません。たいていの人は意識的にではないにせよ、同じ形で情報を整理した経験があるはずなので、「え？それだけ？」と思うかもしれません。IT業界において図解の表現手法は、フローチャートやER図、UMLなど「日常生活では使わない書式を覚える必要がある」ものがほとんどで、それに比べると**GPS**は「こんなの誰でも普通にやってるよね？」というように見えるはずです。

しかし問題は、**徹底的にやっていない**ということです。確かに**GPS**の理屈は単純で、その形だけ見ればただの見慣れたグループであり、表でしかありませんが、たいていの場合は「すぐにわかる部分を表にしているだけ」というのがほとんどで、**気がつきにくいグループも徹底的に探して構造化する**ということができていません。しかし、それが重要なのです。

徹底的にやらない原因の1つは、**意識的に追求していない**ことです。文書を書く際、多くの人は「自分が書けることをとりあえず文章や箇条書きで書き出し」て、それで済ませてしまっています。「あ、ここは表のほうがいいな」と表でまとめようとするのは、相当気がつきやすい部分だけです。そうではなく「どこかに表を作れる部分はないか？　……ここはどうだ？　……ここは？」と、重箱の隅をつつき、障子の桟をふき取るように意識的に徹底的に追求してください。順序としては、

> 1. まずグループになる部分を探す
> 2. グループが複数あったら、それらを組み合わせて表形式（パラレル）が作れないか？と考える
> 3. グループに属する要素を順序づけ（シリーズ化）する基準はないか？と探す

という流れになるので、**グループを探す**のが最初のハードルです。一見すると「同種のもの」に見えない要素が実はグループになっているケースが少なくないので、これが意外に難しいのです。ところが、徹底的にやってみないとその「意外な難しさ」自体に気づきません。気づかないと「やらなくてもいい」と思ってしまうので、いつまでも「整理されていない文章」が改善されません。

1-8
頻出する同じパターンを
応用しよう

　長文に含まれる情報を整理して**カテゴリー＆サマリー**の表を作ると、カテゴリー部分の情報は同じパターンが何度も出てくることが多いものです（**図1-17**）。

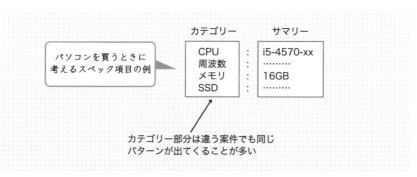

図1-17　カテゴリーの組み合わせが頻出パターンになる

この図では「パソコンを買うときに考えるスペック項目」を例にしていますが、CPUやメモリ容量が**カテゴリー**情報、i5-4570や16GBがそれに対応する**サマリー**情報です。パソコンの機種が違えばサマリー部分は当然違ってきますが、項目名であるカテゴリー部分は共通です。

図1-2 p.4 で紹介した物品紛失事件では、**関係者／手順／問題点**というパターンがありました。「関係者」「手順」「問題」の具体的内容はそれぞれ違っても、「複数の関係者が決まった手順で仕事をする過程で何らかの問題が起きる」というパターンは共通なので、同じ形で情報を整理することができます。

つまり、**パターン**とは、**何度も出てくる同じ形**です。何度も出てくるため、一度そのパターンを知っておけば、過去の経験を応用して短時間で整理できます。それには「あ、このパターンはよくあるな、今後も何度も出てきそうだなあ」と気づかなければなりません。気づくためには、まず**CS**（カテゴリー＆サマリー）と**GPS**（グループ／パラレル／シリーズ）で情報を整理することが重要なのです。

パターンの手がかりは、**CS**のC「カテゴリー」、あるいは**GPS**のG「グループ」のグループ名です。カテゴリーまたはグループ名の組み合わせがパターンになるので、**CS**と**GPS**を意識的に徹底的に探してパターンを見つけてください。

▶ 職場に特有のパターンを自力で発見しよう

パターンは、非常に多種多様です。たとえば、パソコンを買うなら「CPU、メモリ、……」、携帯電話なら「画面サイズや重さ、カメラ性能、……」、車を買うなら「乗車定員、規格、燃費、……」など、まったく異なる項目が出てきます。それでも、これらはまだ「モノ」なので、性能やサイズという「数値」で語れる情報が多いと言えます。それに対して、たとえば本章冒頭の物品紛失事件なら「関係者、手順、問題」、一般にシステムトラブルを報告するときは「問題発生の経緯、影響範囲、原因、暫定処置、恒久対応、……」などとなり、場面や状況によってまったく違うパターンが必要です。

それら多様なパターンの中には、業種や職種、会社を問わず広く応用できるものもあり、本書でもその一部を紹介しています。しかし、すべてがそうとは限らず、特定の職場でしか使われないものもあるので、そういった場合は**自力で発見しなければなりません。**少々ハードルは高いですが、やればやるほど「短時間で応用できる」ようになり、仕事が楽になるのは間違いないため、少しずつでも**自力で発見する**という意識を持って考えてみてください。

---

* • • •　まとめ

≫　情報整理では、**思考を整理すること、自分の考えを持つこと**が欠かせない

≫　**ベタ書きの文章と無分類の箇条書き**には注意せよ

≫　**要約**（カテゴリー＆サマリー＝CS）、**構造化**（グループ／パラレル／シリーズ＝GPS）、**何度も出てくるパターン**を探そう

POINT
01

「文章」の書き方だけを 考えていても意味はない

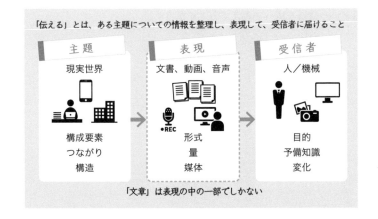

「伝える」とは、ある主題についての情報を整理し、表現して、受信者に届けること

主題	表現	受信者
現実世界	文書、動画、音声	人／機械
構成要素 つながり 構造	形式 量 媒体	目的 予備知識 変化

「文章」は表現の中の一部でしかない

　「わかりやすい文章の書き方」のようなキーワードでネットを検索してみたことはありませんか？　先日検索してみたところ、「短く言い切る」「段落や空白行を入れる」「漢字とひらがなの割合を7：3にする」「主語を明確にする」「修飾語と被修飾語はくっつける」「句読点を適切に打つ」「語尾をそろえる」などの解説が目立ちました。これらはおおむね正しいのですが、「わかりやすく伝える」ために考えるべきことはそれで十分かと言うと、**それだけではまったく足りない**ので注意が必要です。

　伝えるとは、ある主題についての情報を整理し、表現して、受信者に届けることです。**主題**とは、さまざまな構成要素が構造を持ってつながっている現実世界の何かです。この主題を自分自身が整理してよく理解できていなければ、文章として「表現」することはできません。それを受け取る相手の予備知識や目的についても知っていなければ、伝わる表現はできません。

　「短く言い切る」や「漢字とひらがなの割合」などのわかりやすい文章の書き方テクニックは、「表現」の一部である「文書」のさらに一部でしかない「文章」の世界だけの話です。「主題」が整理できていないときに「文章」だけ整えても意味がありません。例えるなら「文章」は写真のようなもので、ゴチャゴチャ散らかった部屋を高画質で撮影しても、ゴチャゴチャぶりがよく伝わるだけです。**まずは「主題」を整理しましょう。**文章の書き方はその後でよいのです。

2

長文の整理は
カテゴリーとサマリーから
始めよう

「短くまとめる」ことが求められる文書の代表格と言えば**「報告書」**です。報告書を書くなら、本文がどんなに長くても**3行程度に要約する**ことを習慣にするとよいでしょう。その際に役に立つのが**カテゴリー＆サマリー**という考え方です。

2-1

すべての報告書を3行に要約せよ

　何らかの作業を行った報告、システムトラブルの報告、事業の成長性を分析した報告など、テーマは多様で名前も「報告」とは限りませんが、どんな職場でも**報告書**が求められる場面はあります。**報告書**とは、何らかの対象物や事象についての情報を簡潔にまとめた書類のことであり、それを他者が読んで何らかの用途／目的に使うことを想定して書くものです。

　まずは、定常的業務に関する報告書を読む人の意識の動きの基本を押さえておきましょう（**図2-1**）。

　定常的業務とは、日常的にある「いつもの仕事」のことで、システム開発に携わるITエンジニアならメンバーとのミーティングやプログラミング、フィールドエンジニアなら故障した機器を現場で直すなどのトラブル解決、営業マンなら見込み客へのセールスといった仕事がそれにあたります。

　この種の仕事は、順調にいっているときは「任せた！　よろしく頼む！」で済むのが普通で、マネージャーがいちいち細部の状況確認をする必要はありません。そこで、報告を受ける際にまず気になるのは「何かマズイことはあるか？」です。医療機器販売会社の社長をしている知人は、これを「とにかく悪い話を最初に教えてくれ。bad information firstだ！」と呼んでいました。

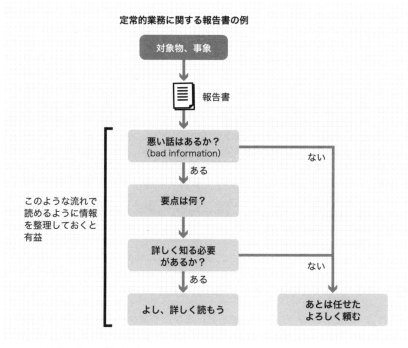

定常的業務に関する報告書の例

対象物、事象

↓

報告書

悪い話はあるか？
（bad information）　　　ない

↓ある

要点は何？

↓

詳しく知る必要
があるか？　　　　ない

↓ある

よし、詳しく読もう　　あとは任せた
　　　　　　　　　　　　よろしく頼む

このような流れで
読めるように情報
を整理しておくと
有益

図2-1　報告書を読む人の意識の動き

　bad information（悪い情報）がない場合、定常業務であればあとは「よろしく頼む！」で済むので、読まなくてもよいのです。もしbad informationがある場合は、次に「要点は何？」と考えます。bad informationと言っても軽微なものから重大なものまであり、要点だけを読んでそのどちらかを判断できることが望ましいわけです。重大なものなら「よし、詳しく読もう」となりますし、そうでなければ「あとは任せた」となります。

　では次に実例として、ある仕事の報告書を確認してみましょう（**図2-2**）。

【例文： Sプロジェクト業務検証報告】
Sプロジェクトで採用を予定している新しい業務フローにつき、手順書に基づいてデータの入力・修正作業を行いました。当初は手順書に不明瞭な部分が多く、手順書通りに作業をしても最終チェックでエラーになるケースが多発しました。このままでは入力作業工数が想定の50%増程度になると考えられます。詳しく調べてみると、作業途中で些細な入力ミスが多く発生していることがわかりました。これらのミスに対するエラー検出や自動補正機能を持たせることで、省力化が可能になると思われるためその方向で対応する予定です。また、手順書も品質向上が必要と判断しました。

bad information に見えるが、最終的にそうなのかどうかは最後まで読まないと確定しない

全体として「要点」はわからない

図2-2　要点がわからない報告書例

　これは、あるITエンジニアが参加しているプロジェクトの状況について書いた報告書です。「**当初は手順書に不明瞭な部分が多く**」の部分はbad informationのように見えますが、たとえば「……不明瞭な部分は解消された」という記述がもしどこかにあれば問題ないことになります。そのため、それがbad informationなのかどうかは最後まで読まないと確定しません。実際、この先を読むと解決策が書かれていて「**対応する予定**」とあるので、大きな問題ではなさそうです。全体として**要点**がわからない書き方をしており、読者の負担が大きい報告書になっています。

　これを解決するには、最初に**要約**を書くのが効果的です。具体的には、次のように書けば、何か問題があること、それによる悪影響が予想されること、対応策がいくつか予定されていることがひと目でわかります。

Sプロジェクト業務検証報告

問題点 手順書不明瞭、エラー多発、入力ミス多発
悪影響 工数50%増
対応策 手順書品質向上、エラー検出・自動補正機能組み込みにて対応予定

Sプロジェクトで採用を予定している新しい業務フローにつき、手順書に基づいてデータの入力／修正作業を行いました。（以下、原文と同じ）

要約はつまり**要点**そのものであり、それを先頭に載せておくことで、読者は本文を読まずに概要を把握できます。最終的に「これは詳しく読む必要がある」となったら長い本文を読む必要がありますが、そうでなければ要約だけで「あとは任せた、よろしく頼む！」としてしまえるので非常に楽なのです。

そこで、**すべての報告書を3行に要約する**ことを目標にしましょう。上記要約のような箇条書き3つはその典型的な例ですが、箇条書きではない普通の文でもかまいませんし、実際は1行でも5行でもかまいません。とにかく**重要な部分を厳選して短くする**ことがポイントです。短くするには厳選せざるを得ず、厳選するにはまず自分自身が問題をよく理解したうえで、それを読む相手の事情（読む目的や前提知識）も把握していなければなりません。その努力を通して情報整理の力が磨かれていくので、短くしましょう。

目標 すべての報告書を3行に要約せよ！

「要約」を作る鍵が
カテゴリー&サマリー

　次に、前述の要約例がどんな段取りでできたものかを深掘りしましょう。ここで再び登場するのが**カテゴリー（項目名）**と**サマリー（要点）**です（**図2-3**）。項目名を明示することで「何の話をしているのか」が明らかになり、本文のうち重要な部分だけを要点として短縮することで確実に伝わるようになります。

カテゴリー	サマリー	本文 （原文の内容を分解したもの）
A　タスク概要	a1　新フローの手順 　　　検証	採用予定の新業務フローの手順書に基づくデータ入力・修正作業
B　問題点	b1　手順書不明瞭	手順書に不明瞭な部分が多かった
	b2　エラー多発	手順書通りに作業をしても最終チェックでエラーになるケースが多発した
	b3　入力ミス多発	作業途中で些細な入力ミスが多く発生していた
C　悪影響	c1　工数50%増	入力作業工数が想定の50%増程度になると考えられる
D　対応策	d1　手順書品質向上	手順書の品質を向上させる
	d2　エラー検出機能 　　　組み込み	入力エラーの検出機能を組み込む

サマリー情報を分類　　対応づく「本文」の
してつけた項目名　　　内容を短縮したもの

図2-3　カテゴリー&サマリーによる整理

　一目瞭然かもしれませんが、報告書の原文を分解したものが「本文」の欄に書いてあり、サマリーはそれを短縮したもの、それを分類してつけた項目名がカテゴリーです。「B 問題点」の横にb1〜b3まで3つのサマリーがあることからわかる

ように、複数のサマリーを１つのカテゴリーにまとめることもあります。このように、カテゴリー＆サマリーを整理してあれば、前節のような**問題点／悪影響／対応策**という３行要約が簡単に作れることがおわかりでしょう。

▶「要領よく要点をとらえた報告」はどうすればできる？

　報告は、新入社員研修で「報告／連絡／相談」とワンセットで扱われる定番のテーマなので、ビジネススキルとして重視されているのは間違いありません。そしてたいていの場合、「要領よく要点をとらえた報告をするのが大事」であり、「5W1Hを明確にしよう」と教えられています。しかし、「要領よく要点をとらえる」とはどういうことなのか、どうすればできるのかは、たいてい明示されませんし、具体的指針とされている5W1Hも現実にはそれだけでは足りないことが多いものです。

　たとえば、今回の例では要約に**問題点／悪影響／対応策**が出てきましたが、これらは5W1Hのどれにも当てはまりません。5W1Hは「どこかで誰かが何かをした、何かが起きた」という事実報道系の文脈では役に立ちますが、ビジネスシーンでよくある「問題を把握して解決策を探る」という文脈には合わないのです。

　そこで「要領よくと言われても、その方法がわからず途方に暮れてしまう」という悩みの声を私はよく聞きます。この問題の即効的な解決策はありません。しかし**常にカテゴリー＆サマリーを考える**という方法が、実践まで時間がかかるものの確実に役に立つので、ぜひ習慣化してください。

　即効的な解決策はないのは、実際にカテゴリー＆サマリーを考えるということが、ある程度の経験を積まないと難しいからです。たとえば、今回の要約例に出てきた**問題点／悪影響／対応策**という３つのカテゴリーは、そもそも報告書の原文には書かれていませんでした。カテゴリーにピッタリはまる言葉が元の文章に出てこない、というのは極めてよくあることで、その場合は自分で適切な言葉を考えなければならないため難しいのです。5W1Hのような「覚えておけるいつものパター

ン」が使えれば助かりますが、それが通用しないのはすでに説明したとおりです。

　したがって、

「b1、b2、b3が同じカテゴリーになりそうだな。うーん、なんと呼べばいいんだ
ろう……どれも困った問題だから……あっ、『問題点』でいいか！」

のように、**「同種の情報をグループ化して、そこに適切なカテゴリー名をつける」**
というワークが必要です。それを見つけるとようやく、

「あれ、原文じゃ『問題点』という用語はどこにも使われてないな。これじゃわかり
にくいわけだよ！」

ということに気がつきます。これをさまざまな文書について地道にやり続けると、

カテゴリー名に使える言葉を省略している文章が世の中には極めて多い

ことを実感できます。これこそが文章がわかりにくくなる大きな原因であり、それ
を実感できたときにはあなたの情報整理力は1段階レベルアップしているでしょ
う。しかし、そのためにはさまざまな文書についてカテゴリー&サマリーを整理し
てみる経験が必要なので、「1時間後に提出する報告書を改善したい」といった急
を要する場合は間に合いません。

　目安としては、既存の文章を読んでカテゴリー&サマリーを書くワークを3〜
10時間ぐらい経験するとカンがつかめます。1日30分ずつやるとしても、1週間
から3週間程度かかります。少し時間がかかりますが、スキルアップとはそういう
ものです。その代わり、一度スキルが身についたらあらゆる報告書の要点をまとめ
るのが楽になるので、やる価値は十分あります。

　なお、実際にワークをするときはできるだけ**多様な文書**を題材にするように注意

してください。要約を**問題点／悪影響／対応策**としてまとめてしまえるような文書ばかり題材にしても、その他のパターンを見る目が磨かれません。

　目安としては、1日1回ワークをやるとして、たとえば今週は障害報告書、来週は異なる業務の作業手順書、再来週は自分が書いた進捗報告書……のように1週間ごとに違うタイプの文書で試してみるのが手頃です。障害報告、作業報告、進捗報告のように文書の種類が決まっていれば、その文書特有のパターンがあることが多く、1週間続けて同種の文書を題材に考えれば、それに気がつくからです。要約が同パターンになる文書が3つあれば、練習材料として最低限の線はクリアできます。1週間毎日やれば、5件になります。これが2週間だと長すぎるので、週ごとにテーマを変えていくことをおすすめします。

2-3
カテゴリーには具体性がなく、サマリーにはある

　カテゴリーとサマリーを区別するポイントは、**情報の具体性**です。次の2つの例文を比べてください。

> **例文1**
> S社の新技術を使用すると、次世代半導体の生産コストを1/3に低減できる。

> **例文2**
> S社の新技術を使用すると、次世代半導体の生産リードタイムを半減できる。

　例文1と**例文2**の違いは、色字部分です。これをカテゴリー＆サマリー分解すると、**図2-4**のようになります。

43

図2-4　カテゴリーには具体性がなくサマリーにはある（1）

　「S社新技術のメリット」というカテゴリー情報を見ても、メリットが具体的に何なのかはわかりません。具体的情報は、サマリーのほうに書きます。だからこそ、カテゴリー情報は違う文書でも共通になるケースが増え、応用が利きやすいのです。次の例文ではどうでしょうか（図2-5）。

例文3

T社の新型センサーは面積が半減したがコストは20％増となっている。

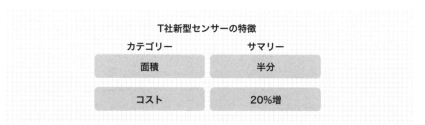

図2-5　カテゴリーには具体性がなくサマリーにはある（2）

　カテゴリーに現れる「面積」「コスト」には具体性がないので、このまま旧型センサーにも他社のセンサーにも使えます。サマリーの情報は具体的なので、他製品では当然まったく違ってきます。

こうしてみると、カテゴリーとサマリーの違いは明らかなようにも見えますが、実際にはまぎらわしいケースも出てきます。次の例文ではどうでしょうか（図2-6）。

例文4

ランサムウェアとはマルウェアの一種である。ランサムウェアは、感染したコンピュータのシステムへ利用者がアクセスできないようにアクセス制限をする。さらに、この制限を解除するためマルウェアの作者に身代金（ランサム）を支払うよう、被害者に対して要求する。

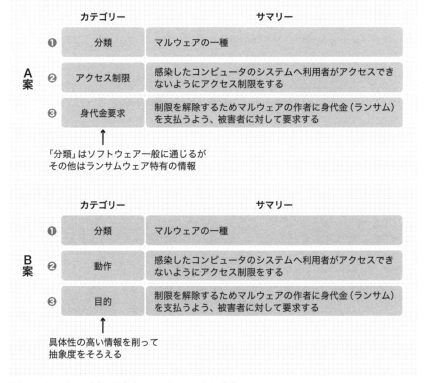

図2-6　カテゴリー情報の抽象度レベルをそろえよう（1）

45

　A案は、ある人がこの例文をカテゴリー＆サマリー分解したときの解答例です。一見よさそうに見えますが、「分類」はソフトウェア一般に通じるのに対して、その他はランサムウェア特有の情報であり、その分具体性が高く抽象度がそろっていません。このような場合、**できるだけ抽象度をそろえてください。**

　B案はそれを改善したもので、❷❸のカテゴリーからマルウェア特有の情報を削り、「分類」と抽象度をそろえて「動作」「目的」としてあります。こうしてみると、「アクセス制限」や「身代金要求」は具体性が高い情報であり、サマリーのほうに入ることがわかります。

　もう1つ、B案でカテゴリーに現れている分類、動作、目的という3語が、いずれもサマリーの欄には出ていないことにも注意しましょう。絶対ではありませんが、カテゴリーの用語がサマリーのほうにも出ている場合は、今回のように「抽象度レベルがそろっていない」問題が起きている可能性があります。

　続いて、まぎらわしい例をもう1つ紹介します（**図2-7**）。

> **例文5**
>
> ハデス653はデルタ系統のランサムウェアである。感染したコンピュータのシステムへ利用者がアクセスできないようにハイブリッド暗号方式による暗号化を行う。さらに、この制限を解除するため仮想通貨で身代金を支払うよう要求する。

	カテゴリー	サマリー
❶	系統	デルタ系統
❷	アクセス制限の方式	ハイブリッド暗号
❸	身代金支払方法	仮想通貨

↑
いずれもランサムウェア特有のカテゴリー

図2-7　カテゴリー情報の抽象度レベルをそろえよう（2）

　例文4によく似た内容ですが、この例文5ではカテゴリーに「アクセス制限」や「身代金」という用語が入っています。実は例文4は「ランサムウェア一般について、他の通常のソフトウェアとの違いを説明する文」であるのに対して、例文5は「ハデス653という特定のランサムウェアについて、他のランサムウェアとの違いを説明する文」なので、このようなカテゴリーが成り立ちます。

　つまり、抽象度が高い低いと言っても、それは相対的なものであり、文全体がどの程度具体的／抽象的なことを言っているかによって、カテゴリーに求められる抽象度レベルも変わってくることに注意してください。これもまた、カテゴリー＆サマリー分解が意外と難しい理由です。

第2章　長文の整理はカテゴリーとサマリーから始めよう

2-4

サマリーの役割は
未知の情報を確定させること

「サマリーは具体性の高い情報である」と言いましたが、それを別な面から語る**とサマリーの役割は未知の情報を確定させること**です。

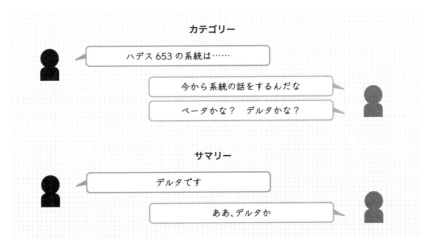

図2-8　カテゴリー＆サマリーの役割イメージ

「ハデス653の系統は……」まで聞くと「今から系統の話をするんだな」ということはわかりますが、それが具体的にアルファなのかベータ、デルタなのかはわかりません[1]。それが、サマリーの「デルタです」を聞くことで**確定**します。このように、**未知だった情報を確定させる**のがサマリーの役割なので、**確定**できなければなりません。

---

[1]　マルウェアは1つの原型から派生型が多数生まれるため、それを「系統」と言います。

よくある失敗が、サマリーを書くときに**短くしすぎて確定のために必要な情報まで削ってしまう**ということです。これには注意しましょう。たとえば、図2-9を見てください。

サマリー	意味
エラー検出 機能組み込み	新しくエラー検出機能を搭載しよう（確定できる）
エラー検出 機能	エラー検出機能が……何？（確定できない）
エラー検出 廃止	既存のエラー検出機能を廃止しよう（確定できる）

図2-9　サマリーの情報を削りすぎると「確定」できない

2-2節で触れた「Sプロジェクト業務検証報告」のカテゴリー＆サマリー分解例（**図2-3** p.40 ）で出てきた「対応策」の一部を変更した例です。

「エラー検出機能組み込み」というサマリーなら、「新たにエラー検出機能を搭載しよう」という意味だと確定できますが、もし「組み込み」を削って「エラー検出機能」だけにしてしまうと「組み込み？　廃止？　改良？」などさまざまな可能性があるため確定できません。

それに対して、「機能」という言葉は削れます。たとえば、「エラー検出廃止」とあれば、「すでにある機能を廃止しようということだな」と推定できるため、「機能」という言葉はなくても意味を確定することが可能です。

カテゴリー＆サマリーを短くするのは大事ですが、かといって短くしすぎても意味が通じなくなるため、削ってよい言葉かどうかは慎重に見極めるようにしてください。

文章ではカテゴリーが
省略されやすい

　2-2節 p.40 でも触れましたが、カテゴリー＆サマリー分解をしたときに**カテゴ
リーに使える言葉が元の文章では出てこない（省略されている）**、というケースは
非常に多いものです。これは情報整理を難しくさせる大きな要因であり、極めて重
要なポイントなので、改めて別の例で説明しましょう（**図2-10**）。

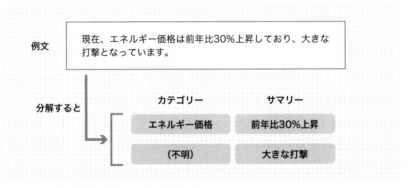

図2-10　カテゴリー情報を省略しても気がつきにくい

　たった40文字にも満たない1文ですし、これを「難しい」と感じる人は誰もい
ないでしょう。文法的にも間違ってはいませんし、若干の違和感を覚えることは
あったても、たいていの人は「**この文ではカテゴリーが省略されている**」ことに気
づきません。

　具体的には、「大きな打撃」がいったい何のカテゴリーに関する情報なのかがわ
かりません。「前年比30％上昇」については、「エネルギー価格」に関する情報で
あり、カテゴリー＆サマリー関係が成立しています。しかし、「大きな打撃」のほ
うは、いったい誰にとっての打撃なのかが不明瞭です。

情報を補うとすれば、**「日本経済にとって」**大きな打撃、といったところでしょう。あるいは、エネルギー価格が経営に直結する産業の代表格として**「製造業にとって」**とも言えそうです。いずれかの言葉が入っていれば明瞭でしたが、省略されてもなんとなく読めてしまうので、うっかり書き漏らしても気がつきにくいのです。

もしサマリーを省略したとすると、

「現在、エネルギー価格は前年比30%上昇しており、日本経済にとってです」

のようになり、これはさすがに不自然な文章なので気がつきますよね。そのため、サマリーの省略は少ないものの、**カテゴリーの省略は頻繁に起きている**ことに注意してください。このように「カテゴリーを本文から探そう」と思っても、そもそも書いていないことが非常に多いため、自分で考えなければならないのです。

•••　まとめ

≫ カテゴリー（項目名）とサマリー（要点）で要約を作る

≫ カテゴリーには具体性がない。サマリーは未知の情報を確定させる

≫ 文章中ではカテゴリーが省略されやすい

文章の書き方よりも、何が主題なのかを明確に

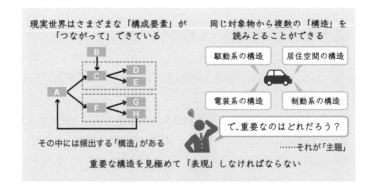

現実世界はさまざまな「構成要素」が
「つながって」てきている

同じ対象物から複数の「構造」を
読みとることができる

B
C
D
E
A
F
G
H

その中には頻出する「構造」がある

駆動系の構造　居住空間の構造

電装系の構造　制動系の構造

て、重要なのはどれだろう？

……それが「主題」

重要な構造を見極めて「表現」しなければならない

　現実の世界は、さまざまな要素がつながってできています。そして、そのつながり方には何度も同じ形で出てくる**構造**があります。わかりやすいのは建築の世界の構造で、柱を三角形に組み合わせる「トラス構造」、橋に使われる「アーチ構造」などは一般の人にも名前が知られています。電気の世界でも、小学校で学ぶ「直列回路」「並列回路」などを筆頭に無数の構造があります。もちろんIT分野でも、記録媒体に使う「ファイル」や「ディレクトリ」、プログラミング言語の「分岐」「繰り返し」「クラス」「関数」「引数」など、名前がついている概念にはいずれも構造があります。

　そして、現実世界では同じものから複数の構造を読みとることができるのが普通です。たとえば、自動車には駆動系、制動系、電装系あるいは居住空間など何種類もの構造があります。そこで、何かを書くときあるいはしゃべるときはどんな構造について表現しようとしているのかをハッキリさせなければなりません。それが**主題**です。たいてい、その構造は文章でわかりやすく表現するのが難しいため、主題を明確にしようとする段階では文章よりも図に書くほうが向いています。

複雑なつながりのある話題は
グループ／パラレル／
シリーズを考えよう

ITエンジニアは「複数の要素の間に複雑なつながりのある情報」を扱うことが多く、それらはカテゴリー＆サマリーで整理することはできません。そこで役に立つのが、情報の構造を表現する**グループ／パラレル／シリーズ**という考え方です。

3-1

複雑な情報には
必ず「構造」がある

　第2章で詳しく説明した**カテゴリー＆サマリー**の考え方は役に立ちますが、**構造**を表現することはできません。**構造**とは、複数の要素どうしの関係のことです。

　例として**図3-1**を見てください。小学校の理科で学ぶ電池を直列／並列につないだ回路ですが、使われる要素（電池、導線）は同じでも**つながり方**が違えば、働き（電圧）に差が出ます。この**つながり方**は複数の要素どうしの関係なのに対して、**カテゴリー＆サマリー**の表現では「電池」や「導線」という要素の種類ごとにバラバラに書いてあるので**つながり方**がわからないのです。

　もう1つの例を見てみましょう。**図3-2**は、ハブを通して複数の端末をルーターに接続しインターネットにアクセスできるようにするという、よくあるホームネットワークの**構成図**です。これを**カテゴリー＆サマリー**の表現にすると、線がないのでどうつながっているのかわかりません。ITエンジニアであれば、この3要素の関係は常識のようなものですが、その予備知識のない人に**カテゴリー＆サマリー**方式の表現を見せても当然理解できないわけです。それに対して、**構成図**のほうは線が引かれているので、つながりがわかります。

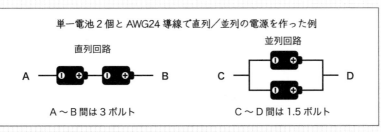

単一電池 2 個と AWG24 導線で直列／並列の電源を作った例

直列回路

A ━●━●━ B

A～B 間は 3 ボルト

並列回路

C ━●━ D

C～D 間は 1.5 ボルト

使われている要素は同じでも、「つながり方」が違うことで働きに差が生まれる。

この「つながり方」、**複数の要素どうしの関係のことを「構造」**という。

カテゴリー／サマリーの表現は「どんな要素があるか」を説明するものであり、「要素同士がどうつながっているか」は説明していない

カテゴリー／サマリー

電源：単一電池×2個
導線：AWG24導線

電池と導線という「要素」をバラバラに書いているので「つながり」はわからない

図3-1 「構造」とは複数の要素どうしの「関係」のこと

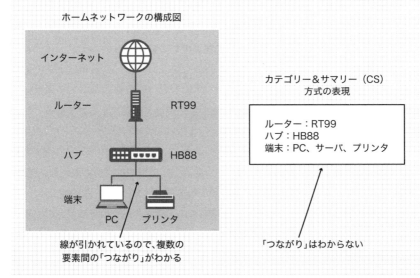

ホームネットワークの構成図

インターネット

ルーター RT99

ハブ HB88

端末 PC プリンタ

線が引かれているので、複数の要素間の「つながり」がわかる

カテゴリー＆サマリー（CS）
方式の表現

ルーター：RT99
ハブ：HB88
端末：PC、サーバ、プリンタ

「つながり」はわからない

図3-2 関係を表すには要素間に線を引く

つまり、

　　　構造を表すには要素間に線を引く必要があるため『図』が適している

のです。図解と言ってもアイコンやイラストはどうでもよく、本質的に重要なのは、それらの間に引かれた線です。それが**つながり**を表しているからです。それは「道案内をするなら文章で説明するよりも地図を書くべきである」というぐらいに当たり前のことですが、念のため強調しておきます。なぜ強調するかというと、図を書くことを徹底して避けて、無理やり文章や箇条書きで書こうとする人も少なくないからです。単純に面倒だからやりたくないのかもしれませんが、人に伝えようとする文書を作るのに、伝わりにくい表現だけを使うのは本末転倒です。**構造を説明するなら図を書くべきである**ことは肝に銘じておきましょう。

▷ なぜIT分野の図解利用は不十分？

　「企画書、仕様書、取扱説明書のような文書が**長文の文章だらけで困る**。うちの社員ももっとわかりやすく図解できるようになってほしい」——これまでさまざまな企業で研修を行ってきた中で、非常に多いのがこのような悩みです。IT分野では、図解表現は十分活用されているとは言えないようです。100年以上前に生まれたフローチャートだけでなく、ER図やUMLなど、IT分野において多種多様な図解手法が考案され、実際に使われているのに、現場で「**長文だらけで困る**」という声が絶えないのはなぜでしょうか？

　この原因は、おそらく2つあります。1つ目は、**IT分野では「目に見えない構造」が多い**ことです。地図や回路図などはいずれも現実世界の「モノ」に対応しているため、図解の必要性がわかりやすく、仕事もその図面をベースに行われるのが基本でした。それに対して、IT分野の**構造**はソースコード上にあり、目に見えないため、図解の必要性がわかりにくいと言えます。フローチャートやUMLのような図解技法もソースコードとはシームレスに連携しないため、メンテナンスされなくなり、だんだんと現実（ソースコード）と乖離していって誰も参照しない化石と化

す、という例がよくありました。

2つ目は、IT分野の図解技法の適用範囲が実装技術に近い部分中心であり、使うために覚えなければならない規則も多く、**実装から離れた領域や非エンジニアとのコミュニケーションでは使いにくい**ためです。

これら2つの理由を考えると、「長文の文章だらけでわかりにくい」のは仕方ないとも言えます。しかし、この問題がいつまでも解決しないままでは困るので、そろそろ本気で取り組むべきでしょう。

▷ とにかく単純な構造に注目しよう

そこで本書で推奨するのが、**とにかく単純な構造に注目する**ことで、このキーポイントがすでに第1章で簡単に触れた**分類**を意味する**グループ**（**G**roup）、**表形式**（対応関係）でまとめる**パラレル**（**P**arallel）、**順番をつけるシリーズ**（**S**eries）です。これらの構造はどんな分野にも存在しますし、誰でも無意識に使っているような当たり前のことですので、特別な勉強をしなくても「言われてみれば、そうだね」とすぐに理解できます。それでいて、徹底的にやれば複雑な情報をわかりやすく表現するために絶大な威力を発揮しますので、ぜひ意識的に使うようにしてください。

3-2

最も単純な構造はグループ／パラレル／シリーズの３種類

グループ／パラレル／シリーズのうち、**構造**であることが最もわかりやすいのは、3つ目の**シリーズ**（**順番**：**S**eries）です。**図3-3**で見ていきましょう。これは、ある会社の業務プロセスと組織構造をまとめた例です。「仕入れた原材料で製品を製造して出荷する」というプロセスは、この順番に意味があるので入れ替えられま

せん。仕入れる前に製造することはできませんし、製造する前に出荷することもできません。当たり前ですね。この種の**順番を変えられない**構造がシリーズです。

　一方、その「仕入／製造／出荷」をどこで何人でやっていて責任者は誰か、という情報は、それぞれのプロセスに対応づくので、普通に書けば**表形式**の**パラレル**（**P**arallel）です。この情報は、たとえば場所と従事者数の行を入れ替えても問題ありません。

　最後に、この表の「責任者」欄に書かれている名前は、当然ながらすべて「責任者」という同種の情報です。**同種の情報をまとめたもの**がグループなので、責任者、従事者数、場所などの各項目はそれぞれ**グループ**（**分類**：**G**roup）です。

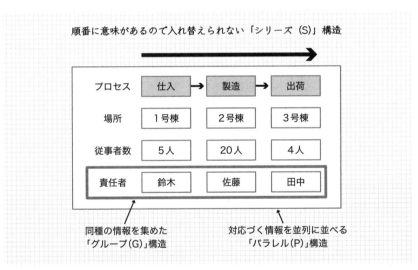

図3-3　グループ／パラレル／シリーズ（GPS）のイメージ

　こうしてみると、グループ（G）／パラレル（P）／シリーズ（S）の構造は、一体となっていることがわかるでしょう。ある程度情報量が多い文書は、情報整理をしてみるとこのように一体で表したほうがよい場合が多いため、**グループ／パラレル／シリーズ（GPS）をセットで考える**ようにしてください。

なぜ「同種情報のグループ」を 見つけなければならないのか

　すでに説明したとおり、グループ（G）は何らかの観点で**同じ種類**と見なせるものをひとまとめにした構造です。情報量が多く雑然としているとどうしてもわかりづらくなりますが、**共通点を見つけて分類し、その共通点を表す名前をつける**ことでわかりやすくなります（**図3-4**）。

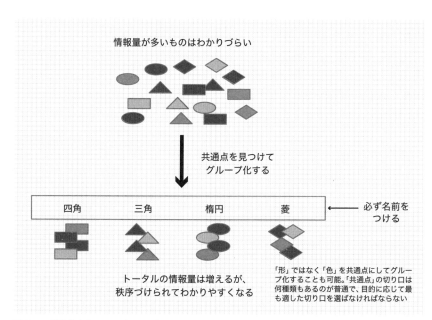

情報量が多いものはわかりづらい

共通点を見つけて
グループ化する

| 四角 | 三角 | 楕円 | 菱 |

←必ず名前を
つける

トータルの情報量は増えるが、
秩序づけられてわかりやすくなる

「形」ではなく「色」を共通点にしてグループ化することも可能。「共通点」の切り口は何種類もあるのが普通で、目的に応じて最も適した切り口を選ばなければならない

図3-4　共通点を見つけてグループ化せよ

　名前をつけた分だけトータルの情報量は増えますが、その結果、雑然としたものが秩序だった状態になるため、理解しやすくなるのです。「わかりやすくしたいが情報を削るわけにはいかない」という場合は、このグループ化が欠かせません。

▷ グループ化できるような
　共通点が見つからなかったら？

「何らかの主題に関連した情報」が**わかりにくい、と感じるぐらいに大量にある**場合、共通点が何も見つからないということはまずありえません。必ず見つかるので根気よく探してください。もしそれでも見つからないのであれば、**主題に関係のない情報が混ざり込んでいるか、あるいは目的を見失っている可能性が高い**です。

「目的を見失っている」とはどういうことでしょう？　たとえば、**図3-5**のような情報をグループ化するなら、「犬／猫／インコ」が思い浮かびますが、「ワンルームマンションでペットを飼いたい」と考えている人なら、「大型／中型／小型」のように、サイズの情報が先に気になるでしょう。この場合、目的は「狭い部屋で飼えるペットを探すこと」です。一方、「暑い／寒い国でペットを飼いたい」人にとっては、暑さ寒さに強いかどうかが重要です。つまり、情報に含まれる個々の要素が同じであっても、グループ化の切り口は目的によって変わるので、目的を特定できていないと、ピッタリしたグループが見つかりません。これが原因で、グループ化できないケースがよくあります。

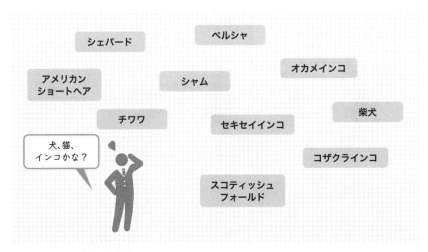

図3-5　いろいろな動物の名前

▶ グループを表す「形」は問題ではない

グループ構造（G型構造）は、枝分かれ型、囲み型、ピラー型、中心型などのさまざまな形で表すことができますが、実のところ形はどうでもよいのです（**図3-6**）。重要なのは、**名前と要素を明示していること**です。そのため、他のグループとまぎらわしい名前をつけないように、どの要素がどのグループに属しているのか明瞭になるように気をつけてください。

「形」に迷った場合は、**枝分かれ型**か**囲み型**を使っておけば大丈夫です。何段階もの階層構造を作りたい場合は**枝分かれ型**が扱いやすく、多数の要素を狭い面積に詰め込みたい場合は**囲み型**が向いています。**ピラー型**は、**図3-6**にあるように「グループ名」に該当する現象や対象物を「要素」が加速／支援するような関係を表すのに向いています。**中心型**は非常によく使われる形ですが、補足情報を追加するような加工が非常にしにくいので推奨しません。

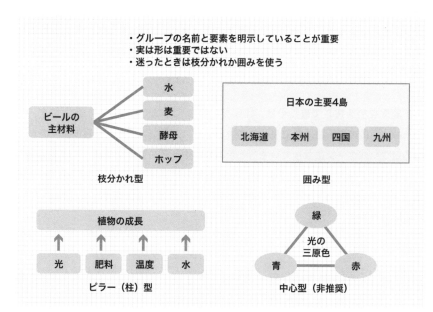

図3-6　グループ構造（G型構造）を表す形の例

表形式に見えないパラレル構造

　パラレル構造（**P型構造**）は、基本的に**表形式**です。たとえば、「持ち運びに便利なノートパソコンは？」のようなテーマを考えるときは、いくつかの候補機種について、CPU、メモリ、SSD、価格など、同じ項目で諸元を比較しますが、当然こういった情報は表を作るのが自然です。要は、複数の対象物について比較するときは**同じ項目の情報を並列に並べていく**のが普通なわけで、必然的に「表形式」になります。そこで、英語で「並列」を意味するParallelの頭文字をとってこの形を**パラレル構造**と呼んでいます。

　これは理屈として難しいことは何もなく、誰でもすでにやっているはずです。しかし、通常は表を作らない情報でも**実際にはパラレル構造になっていて、表形式を意識して構成したほうがよい場合がある**ことに注意してください。具体的には、**図3-7**がその一例です。

　手順書を箇条書きで書くのは、IT業界に限らず、ごくありふれた方法です。そのため、何の疑問も持たずに使われているケースが多いですが、内容をよく読んでみるとワンパターンになっていることがあり、表形式で整理するほうが理解しやすくなる場合があります。この例では、箇条書きで書いた「カレーの作り方」（**図3-7**上）を整理すると、「工程／作業／完了条件」の3項目に分ける（**図3-7**下）ことができます。

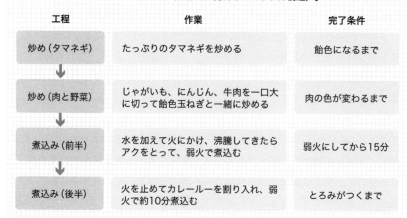

【カレーの作り方（箇条書き手順書形式）】

- ・たっぷりのタマネギを用意して飴色になるまで炒める
- ・じゃがいも、にんじん、牛肉を一口大に切って飴色玉ねぎと一緒に、牛肉の色が変わるまで炒める
- ・水を加えて火にかけ、沸騰してきたらアクをとって、弱火で15分煮込む
- ・火を止めてカレールーを割り入れ、弱火で10分とろみが付くまで煮込む

【カレーの作り方（表形式に見えないパラレル構造）】

工程	作業	完了条件
炒め（タマネギ）	たっぷりのタマネギを炒める	飴色になるまで
炒め（肉と野菜）	じゃがいも、にんじん、牛肉を一口大に切って飴色玉ねぎと一緒に炒める	肉の色が変わるまで
煮込み（前半）	水を加えて火にかけ、沸騰してきたらアクをとって、弱火で煮込む	弱火にしてから15分
煮込み（後半）	火を止めてカレールーを割り入れ、弱火で約10分煮込む	とろみがつくまで

図3-7　表形式には見えないパラレル構造（P型構造）

▷ ロジック図解では表に見えない表形式が多用される

「表形式」と言うと、普通はExcelで作る表のように、タテヨコに罫線が引かれたマス目の中に記入するようなものをイメージするはずです。ところが、先ほど示した**図3-7**下の「カレーの作り方（表形式）」は、そういったイメージと違い、左端の一列をフローチャートにしてその右側に補足説明を書いているため、罫線やマス目はありません。しかし、この「工程ごとに作業内容と完了条件を列挙している」という論理構造は**表形式そのもの**であることに注意してください。

このように、一見すると**表に見えない表（パラレル構造）**をロジック図解では多

用します。経験的に、複雑難解な情報を説明するためのロジック図解の7〜8割は、この種の「実は表になっている」ものです。そのため、情報量が多いときは、真っ先に「これ、表を作れないか？」と考えるのが手っ取り早いのです。

▷ 手順書だからといって
手順を1つずつ見ていくとは限らない

　手順書の各ステップを項目分けして表形式で書くと、箇条書きと違って「各ステップごとに読む」以外にも多角的な見方ができるようになります。たとえば、**図3-7**下を少し改造して**図3-8**の形にすると、「必要な材料は？」「かかる時間は？」などの問いに簡単に答えられるので、材料や時間に制約がある中で作れる料理を探しているときには便利です。

　さらに、「所要時間」の欄の一部に「不明」な項目があるのもハッキリします。一般に、不明な情報はプロジェクトのリスク要因ですが、箇条書きや文章の中からそれを見つけ出すのは容易ではありません。項目分けをして表を作ることによって不明点を自覚しやすく、他人にも伝えやすくなります。

　「そうは言っても、この程度の話に表を作るのって面倒じゃない？」「料理のレシピならたいてい必要な材料は最初にまとめて書いてあるし、所要時間も載っているものが多いし、それで十分なのでは？」と思われるかもしれません。確かにそれで十分な場合もありますが、いつもそうとは限りません。

　たとえば、**図3-8**の「炒め（タマネギ）」工程で「飴色に炒める」には普通1時間ほどかかりますが、それを含めたカレー調理の所要時間を「約2時間」と書いたら「そんなに時間をかけられない」とあきらめるケースも増えるでしょう。しかし、実際は「飴色に炒める」のはカレー調理に必須ではないので、これを省略すれば所要時間を半分以下に短縮できます。このとき、各工程の所要時間を分けて書いてあれば「ここを省略すれば1時間くらい短縮できる」とわかりますが、**まとめて書く**方式だとそうした判断がしづらいのです。

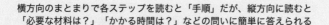

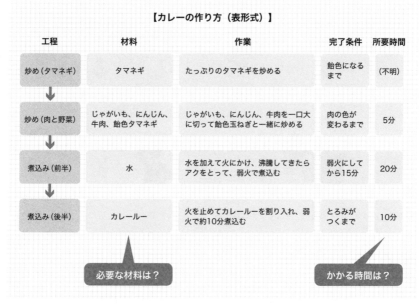

図3-8　パラレル構造は多角的な見方をしやすい

▷ 小分けして整理した情報は読者が考えるために便利

　この違いからわかるのは、**読者に考えさせるかどうかによって、適した形式が違ってくる**ということです。項目分けされた**パラレル構造**（表形式、P型構造）だと情報を多角的に見ることができるため、足したり引いたり入れ替える操作をしやすく、情報の過不足にも気づきやすいので、**考える人**には便利です（**図3-9**）。逆に、書かれたとおりの作業をそのまま忠実にやらせるための手順書なら**箇条書き**でも多くの場合は問題ありませんし、そのほうが面積も小さく済み、書くのも楽な傾向があります。

図3-9　項目分けしてあると「考える」人には便利

順番を明示するシリーズ構造

　シリーズ構造（S型構造）という名前は、「ひと続きの順番になっていること」という意味の英単語（Series）からとったものです。情報量が多い場合は極力何らかの基準で順番を決めて、その順で並べるようにしてください。たとえば、前節の「カレーの作り方」なら手順なので簡単ですね。ところが、「ノートパソコン購入候補リスト」のようなものだと、順番を決めるにしても「値段？　重さ？　大きさ？　性能？」など複数の候補があるので、「順番をつける基準」を1つに決めづらいでしょう。そんなときこそ、難しいからといって放棄するのではなく「今回は持ち運びに便利なノートパソコンのリストだから……軽い順に並べよう！」のように、**目的から逆算して、重視する基準を決める**ことが重要です。**3-3節**でも書い

たとおり、目的を明確にせず、ただ単に「集めた情報を列挙しただけの文書」がよくありますが、それではわかりやすくはなりません。

要素に順番をつける意味は、大きく3つあります（**図3-10**）。

❶ 要素のモレ、ダブリに気がつくことができる
❷ 別グループに気がつく
❸ 目的の特定を促すことができる

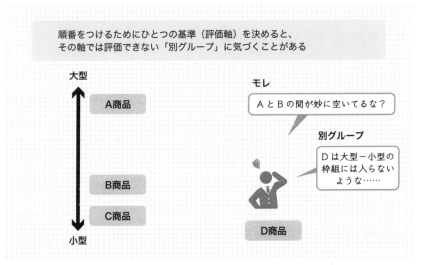

図3-10　順番をつけるとモレや「別グループ」に気がつく

❶はとても簡単で、たとえば、

数列A：5，7，2，8，6，5，3，1
数列B：1，2，3，5，5，6，7，8

のように2つの数列があったら、数値を順番に並べているBのほうが「4がモレて、5がダブっている」ことに気がつきやすいという話です。一定の基準で並べる

ことによってモレやダブリに気がつくので、書き忘れ／調査不足／誤りを発見することができ、網羅性／整合性が重要な文書の品質を向上させられます。

❷は「一定の基準を適用しようとすると、その枠に収まらないものに気がつくことがある」ということです。たとえば、輸送用車両（トラック）であれば、軽／2トン／4トンのように積載量の大小でグレード分けができますが、同じ基準を乗用車やスポーツカーに適用するのは明らかにおかしいでしょう。いずれも「自動車」ではありますが、トラックと乗用車は別の**グループ**です。もちろん、グループ／パラレル／シリーズ（GPS）のG（グループ分け）の段階でそれを発見できればよいのですが、S（シリーズ）を考えたときに初めて「あっ、これは別グループだ」と気づくことも少なくありません。

❸については、3-2節で「目的を特定できていないとピッタリしたグループが見つけられない」という似た話がありました。順番についても同じことが言えますし、それを逆から見ると「目的を特定できていないことに気がつくきっかけが得られる」とも言えます。目的を無自覚なときでもグループを見つけるのには悩まないことがあります。しかしその場合でも順番をつけようとするとうまく決められず、それによって「あっ、目的がわかってないんだ」と自覚できることがあるからです。

▷ 目的を特定できない場合はどうする？

そうは言っても、たとえば「○○の資料を作ってくれ」と上司から言われたものの、その意図を聞くとあいまいな答えばかり返ってくるケース（思いつきで適当なことを言う人物にありがち）、あるいは不特定多数に読まれる資料で読者によって目的が異なることが予想できるケースなど、「目的を特定できない」場合も、現実的には存在します。そんなときは、自分が有力と考える目的を設定して基準を決め、それを明記※1しておくしかないでしょう。

※1　たとえば、「ノートパソコン購入候補リスト」ならば、「持ち運びに便利なノートパソコンを選択しやすいよう、軽さを重視して選択した」など。

▷ 順番を図示する方法のいろいろ

　順番を図示する場合によく使われる「要素間に矢印を引く」方法は、手順を表すための定番手法です（図3-11 ❶〜❸）。特に、フローチャートのように枝分かれがある場合は、この方法が最も明快です。しかし、要素数が多いと、矢印を引くスペースの無駄が大きくなるという欠点があります。他にも、「五角形を使う」方法（❹）や「番号をつける」方法（❺）、「濃淡を使う」方法（❻）もあります。「濃淡を使う」方法は手順を表すのには向きませんが、「味付け」や「高低（地形図）」のような情報には向いています。

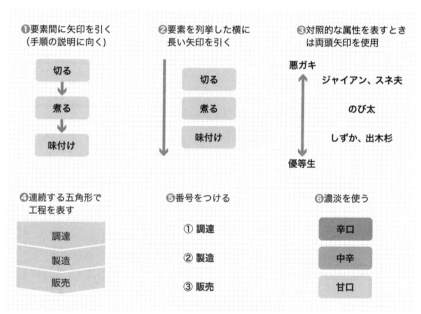

図3-11　順番を図示する方法

第３章　複雑なつながりのある話題はグループ／パラレル／シリーズを考えよう

ロジック図解の基本はグループ／パラレル／シリーズ（GPS）

ここまで説明してきた**グループ／パラレル／シリーズ**（Group/Parallel/Series）、略して**GPS**は、ロジックを説明するロジック図解の基本です。例として、第1章（**図1-2** p.4 ）の「物品紛失事件状況調査メモ」をGPSの観点で見直すと、**図3-12**のようになります。

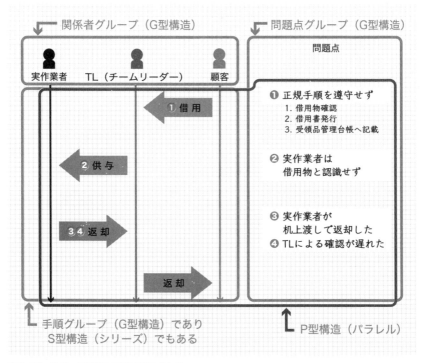

図3-12　ロジック図解はGPSの組み合わせ

70

このように、関係者、手順、問題点という３つのグループ（Ｇ型構造）の情報があり、手順グループは上から下に順番があるＳ型構造（シリーズ）、手順と問題点には対応関係があるのでＰ型構造（パラレル）でもありました。

　図解は、情報を二次元の面状にレイアウトしたものです。そのレイアウトの大枠を決めるのがGPSだと思ってください。GPSの構造を踏まえてレイアウトすれば、少なくともロジックの大枠は伝わります。

　ちなみに、カテゴリー＆サマリー（CS）との関係を補足すると、「関係者／手順／問題点」という単語はカテゴリーであり、「実作業者」や「借用」「正規手順を遵守せず」などの情報はサマリーに該当します。つまり、**図解の中に「何を書くべきか？」を決めるのがカテゴリー＆サマリー、「どう配置すべきか？」を決めるのがGPS**といった関係にあります。

　GPSはごくごく単純な構造ですが、単純だからこそ、ITだろうが電気、機械、法律あるいは会計だろうが、どんな分野にも必ず存在します。したがって、どんな分野でも通じる考え方なので、**複雑な情報を読み書きする場合は必ずGPS構造を意識する**ようにしてください。

●●● まとめ

≫　複雑な情報の中から単純な構造（GPS）を探し出せ

≫　小分けして整理した情報は読者が考えるために便利

≫　グループを決められない場合は目的を見失っている

文章は構造の表現に向いていない

文章／図解対比サンプル

(注：下記枠内の細かい文言を読む必要はありません)

文章では構造の違いが瞬間的にはわからない（よく読まないと無理）

> QUICはWeb配信の高速化を図るために設計された新しいトランスポートプロトコルです。既存のHTTP/2がIP、TCP、TLSの上に構築されているのに対して、QUICはIP、UDP上に構築されてTLSも取り込んでいます。QUICにはHTTPの一部も取り込まれているため、アプリケーション層はその変更に対応したHTTP/3を使用します。

> QUICによるコネクション確立はClientからServerへのinitial(0)パケット送信で始まり、ServerからClientへのinitial(0)パケット返信とhandshake(0)パケット送信、ClientからServerへのinitial(1)パケット送信とhandshake(0)パケット返信を経て、最後にClientからServerへ1-RTTパケット送信で確立します。

図示してあれば構造の違いが瞬間的にわかる

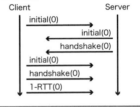

つまり……「構造」が重要な情報を文章で説明しても伝わらない

「構造を文章で表現するのは難しい」とはどういうことでしょう？

たとえば、道案内をするのに地図を使わず、文章や話し言葉だけで説明する難しさを想像してみればよいでしょう。道案内と言っても、京都市中心部のように東西南北に街路が直角に交わるのが基本の街ならまだマシですが、東京だとそこら中に斜めの道やゆるいカーブが入り組んでいて、地図なしで案内するのは非常に難しいですよね。

専門的な例を出すと、上図のとおりです（図上側が**文章**で、図下側がその**図解**）。左右ともにQUICという新しいプロトコルについて書いている**文章**ですが、**図**にするとまったく違う内容であることが一瞬でわかるのに、**文章**では専門知識のある人がよく読まないとわかりません。

構造は、建築のトラスやアーチにしても電気の直列／並列にしても、あるいはプロトコルのスタックやハンドシェイクにしても、「2次元（あるいは3次元）の図にしたときに特徴的な形が見える」ものです。**文章**は、基本的に情報を1次元に並べるので、2次元の形を表現するのには向きません。ただそれだけのことですが、このように決定的な差となるため、**構造**が重要な情報を説明する場合は、文章だけに頼らず、図を書きましょう（文章が不要という意味ではなく、うまく使い分けましょう）。

ロジカルシンキングの
基本を知っておこう

論理的に考えることは重要ですが、ロジカルシンキング（日本語だと論理的思考）が「論理的に考えて1つの正解を出すための手法である」というのは**誤解**です。実際の**ロジカルシンキング（論理的思考）**は、**明らかにダメな大量の選択肢を効率よく消していくために使うもの**であって、正解を出すためのものではありません。

そもそもロジカルシンキングとは？

　仕事をするためのコミュニケーションが家族や友達との日常会話と違う面の1つに、**論理的な思考と説明が求められる**ことがあります。**論理的**という言葉が使われる文脈をいくつか挙げてみましょう。

> ・バグ解析をする際、原因の仮説として適当に思いついたものを挙げたら、「その原因がどこでどうなってこのバグを生むのか、論理的に説明してくれる？」と言われた
> ・社内で情報共有するチャットツールの導入を提案したところ、「他社も使っているから」ではなく、それがどんな理由で社内のコミュニケーションを改善するのか論理的な説明を求められた

　どちらの場合も、2つのことがらAとBについて「何がどうつながってそうなるのか説明して？」と言われる場面です。

　次に、何ができれば**論理的**なのかを考えると、**物事を体系的に整理し、矛盾や飛躍のない筋道を立てる**ことができれば**論理的**と言えます。「体系的」の「体」とは、「複数の要素を共通のルールで1つにまとめたもの」のことを言います。たとえば、「半導体」は複数の異なる素材を組み合わせて電気のスイッチングができる部品としてまとめたものですし、「事業体」は複数の組織を組み合わせて1つの事業がで

きる会社にしたものです。「体系的」の「系」は、「系列」「系統」「家系」という言葉からわかるように、複数の要素が糸のようにつながった様子を表します。

体系的に作られたものは、他の人がそのつながりを追って「確かにそのとおりだ」と確認しやすく、何かうまくいかない場合も「ここを変えればうまくいくだろう」という改善ポイントを見つけやすいのです。それができるのが**論理的**ということであり、だから**問題解決**や**提案**をするときに必要になります。

本書では、「ロジカルシンキング」と「論理的思考」は同じ意味で使います。なお、「ロジカルコミュニケーション」はシンキングよりもコミュニケーションのほうに力点がありますが、やることに本質的な違いはないため、本書では特に区別しません。

論理的思考のためにも情報整理と図解が役に立ちますが、それはなぜでしょうか？　その理由を知るためにまず、「問題解決」という場合の「問題」には大まかに2種類あることから知っておきましょう。

▶ 一般法則がわかる問題とわからない問題

1つ目は、**一般法則がわかる問題**です。**一般法則**とは、「一般的に正しいと認められる考え方」のことです。ごく単純な例で「東京から横浜まで原付バイクで行くのに燃料はどのくらい必要？」と聞かれたとしましょう（現実でこんな質問をされることはないでしょうが）。ここで必要な一般法則は**燃費**の情報です。東京〜横浜間はざっと30km、普通の原付バイクの実走燃費は30〜40km/リットルなので、約1リットル、余裕を見て2リットルあれば十分行ける、というのが答えになります。

このように**一般法則がわかる問題**については答えが出せますが、すべての問題がそうとは限りません。これがもし原付バイクではなく「いつの時代、どの国で作られたかもわからない正体不明の謎の4輪車」だったらどうでしょうか？　燃費情報がわからないので答えようがありませんね。これが2つ目の**一般法則のわからない問題**です。この場合は、少しの間どこかを走ってみて実走燃費を計測する必要があります。

したがって、論理的思考が必要なのは、一般法則そのものを探す**探索**と、出した答えを採用するように説明して相手を納得させる**説得**の2つの場面です（**図4-1**）。両方必要なときも、どちらか片方だけでよいときもありますが、「答えを出すまで」と「出した後」という本質的な違いがあることに注意してください。

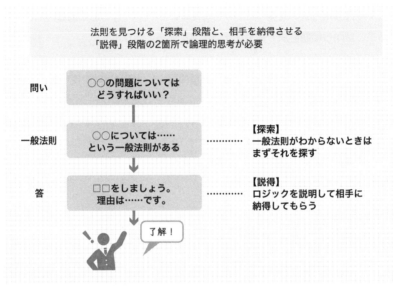

図4-1 論理的思考が必要な2つの場面

▷ 論理的思考で使われる情報整理手法

次に、論理的思考のためによく使われる情報整理手法を考えます。これも単純な例で、「昼食は何がいい？」と聞かれて「牛丼にしましょう」と結論を出すとしましょう。おそらく理由は「早い／安い／うまい」というようなものでしょう。するとこんなイメージの論理構造を書くことができます（**図4-2**）。

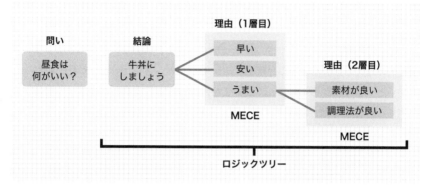

図4-2　論理的思考で多用される情報整理手法

　何かを問われて結論を出すときは、**短く結論を主張**したうえで、その結論を出した理由を**1層目で大まかに説明**し、必要に応じてそのそれぞれに**2層目以下をぶら下げて、より詳細化／具体化**します（図4-2では「うまい」にだけ2層目を作っています）。詳しくは後述しますが、このような**結論と理由を枝分かれする木構造で組み立てる**手法を**ロジックツリー**と言い、各枝分かれ部分は**ダブりなく、かつ、モレなく**分解されるようにします。この**ダブりなく、かつ、モレなく**は重要な考え方で、**MECE**（ミッシーまたはミーシー）※1と呼びます。ロジカルシンキングと名のつく講座では、たいていこのロジックツリーとMECEの構造を学びます。

　このロジックツリーをうまく作れると、非常に役に立ちます。しかも、誰でも無意識にやっているごく基本的な考え方のように見えます。一見すると単なる「大分類／中分類／小分類……」という、よくある階層的な分類構造にしか見えないので、理屈としては簡単そうですよね。しかし、実際やってみると、なかなかうまくいきません。たとえば、無理やり点数換算すると100点満点中50点レベルのものを作るのは簡単ですが、それでは実用的に足りないので、80点レベルまで質を上げようとすると非常に難しくなります（そのため、50点レベルでお茶を濁してい

※1　Mutually Exclusive and Collectively Exhaustive（ダブりなく、かつ、モレなく）の頭文字をとった言葉。

るケースも多いですが）。

　では、その難しいロジックツリーをうまく作れると何の役に立つのでしょうか？ **論理的に考える／説明するのが苦手**という人に、「どんなことを難しく感じますか？」と聞くと、よく挙がるのがこんな悩みです（ロジックツリーを作らず、口頭だけで説明する場合の悩みも含みます）。

- 話が長い、冗長と言われてしまう
- 見落としや誤解が多い
- 説明に飛躍があると言われてしまう
- うまく話がつながらない
- 言いたいことが言葉として出てこない
- うまくしゃべれない

　実は、これらの悩みの大半は、**ロジックツリーを徹底的に練習する**ことで解決します。

　「話が長く冗長」になるのは、不要な情報が入っているからです。たいてい、それはロジックツリーを作ると末端のほうに出てくるので、それがわかれば「これは枝葉だから省略していい」と見切りがつきます。

　「説明に飛躍がある」「話がつながらない」のは、ツリーの階層を飛ばしているか、ズレている可能性が高いです。しゃべっているとそれに気がつきませんが、ロジックツリーを書くとわかります。また、「見落としや誤解が多い」のは、MECE性の追求が不十分なときに起こります。

　「言いたいことが言葉として出てこない」や「うまくしゃべれない」は、ボキャブラリーが不足しているか、アウトプットに慣れていない状態です。ロジックツリーを書いてみると、ボキャブラリー不足の部分は**書けない**ので空白になって目立つため、言葉を調べるきっかけが得られます。そうして書いたもの（ロジックツ

リー）を見ながらしゃべるのは、何もなしに話すよりもずっと楽なので、それを何度も繰り返すことで徐々にアウトプットに慣れていくことができます。

▶「答えはわかるが説明できない」を解決する 「問い／結論／行動」の構造

ある仕事に関して経験豊富な人にありがちなのが、**答えはわかるけど説明するのは苦手**という問題です。どうしたらよいかはわかるけど、それを関係者が納得のいくように説明できない、という場合ですね。自分の立場が強いときは「つべこべ言わずにこうすりゃいいんだよ！ やれ！」といった強硬手段もとれる一方、弱いときは意見を通せずに「あの上司（客）は何もわかってないくせにあら探しばかりして……」と不満をこぼしてしまったりします。これは、単に説明の方法を知らない／慣れていないだけの可能性が高いので、ロジックツリーやMECE以前に、**問い／結論／行動**の構造を知っておきましょう。

そもそも「論理的に考える必要があるのはいつか？」と言えば、何かの行動を選択するときです。通常、**図4-3**のように何かの背景事情があって**問い**が決まり、考察して**結論**を出し、その**結論（主張）**によって**行動**が決まる、という枠組みになります。「答えはわかるが説明できない」という人は、この枠組みの一部を省略してしまっていることが多いので、これを項目分けして書き出す練習をしてみてください。

主張という用語は通常、「Aさんは雨が降ると主張し、Bさんは降らないと主張した」のように異なる意見があって対立している文脈で使われます。対立がある場合、その中で正しい意見は多くても1つだけというのが普通なので、**主張**という用語を使うと「それが正しいとは限らない」という印象を与えます。

それに比べると**結論**という用語は、「論理的に考えれば当然こうなるもの」、つまり「これが正しい」という印象を与えます。もちろん、「AさんとBさんは同じ事実から違う結論を出した」といった用法もあるので、**結論**を使っていても「当然こ

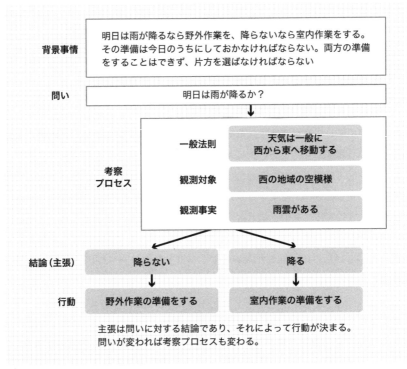

背景事情　明日は雨が降るなら野外作業を、降らないなら室内作業をする。その準備は今日のうちにしておかなければならない。両方の準備をすることはできず、片方を選ばなければならない

問い　明日は雨が降るか？

考察プロセス
一般法則　天気は一般に西から東へ移動する
観測対象　西の地域の空模様
観測事実　雨雲がある

結論（主張）　降らない　／　降る

行動　野外作業の準備をする　／　室内作業の準備をする

主張は問いに対する結論であり、それによって行動が決まる。問いが変われば考察プロセスも変わる。

図4-3　問い／結論／行動の関係

うなる」というニュアンスがない場合もありますが。

　いずれにしても「**結論**は**考察プロセス**からのアウトプットである」という本質は同じですが、それをどの用語で表現するかによって与える印象が違ってきます。

▶ 因果関係／独立事象／従属事象

　図4-3では、**考察プロセス**の中に**一般法則／観測対象／観測事実**の3項目を挙げました。一般法則は、既出のとおり「一般的に正しいと認められている法則」のことで、たとえば「水は100度で沸騰する」「ガス漏れがあるときに火を使うと爆

発する」などがそうです。一般法則の典型的なものは**因果関係**であり、「（原因）水を加熱する」と「（結果）100度で沸騰する」の組み合わせがその一例です（**図4-4**）。ここで「原因」側に来るものを**独立事象**、「結果」側に来るものを**従属事象**と言います。

図4-4　一般法則の論理構造

　因果関係がハッキリしている現象については、該当する**独立事象**が**観測対象**で起きているかどうかを調べることで、**従属事象**が起きるかどうかを予測できます。つまり、次のような流れで考えることになります。このときの❷〜❺の部分が**考察プロセス**です。

❶ 問いを確定させる　⇒「明日は雨が降るか？」
❷ 一般法則を特定する　⇒「明日雨が降るかを知りたいなら、天気は一般に西から東へ移動する法則が使えるだろう」
❸ 確認すべき独立事象を特定する　⇒「西のほうで今雨が降っているかどうかが問題だ」
❹ 観測対象を特定する　⇒「西の地域の空模様を調べればよい」
❺ 観測事実を得る　⇒「現在、西に雨雲はない」
❻ 結論を出す　⇒「明日は雨は降らないだろう」

　自然現象についてはすでに一般法則がわかっていたり、あるいはまだわかっていなくても調べれば判明したりするので、このプロセスがよく使われます。しかし、たとえば「半年後に流行るスイーツを知りたい」というような人の好みに左右される分野では、一般法則は存在しません（わかっていないのではなく、調べても永遠

にわからない）。つまり、**考察プロセス**（考えるべき事項）は、問いの内容によって大きく変わります。

　したがって、常にこの**一般法則／観測対象／観測事実**のパターンが使えるわけではありませんが、**論理的に考える**うえではこれが最も単純なプロセスなので、基本中の基本として知っておいてください。つまり、

「論理的に考える」とは、
背景事情／問い／一般法則／観測対象／観測事実／結論／行動
を明らかにすることである（ただし、一般法則が存在する場合に限る）

ということです。「業務経験豊富で正しい答えを出せるのに、説明下手なせいでなかなか意見が通らない」という人は、問いや考察プロセスを「このぐらいわかって当然」と省略してしまう傾向が強いので、意識的に書き出してみるとよいでしょう。

▷ 考察プロセスが複雑になったら ロジックツリー化しよう

　ロジカルシンキングの講座を受けたことがあると「論理的思考と言えばロジックツリー」という印象が強いかもしれません。前述の**問い／結論／行動**の枠組みの中では、考察プロセスが複雑になったときにロジックツリーが出てくることが多いです。たとえば、問いが「明日富士山に昇って写真が撮れるか知りたい」だったとしましょう。これを実現するには、「富士山まで行ける／登山が禁止されていない／登る体力がある／撮影機材がある」などの複数の条件が成り立たなければなりません。この際の条件分解でロジックツリーを使うわけです（**図4-5**）。

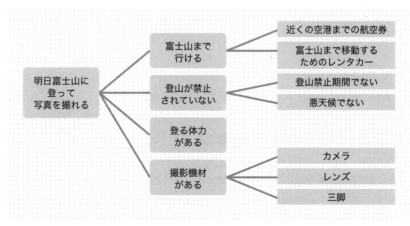

図4-5　複雑な考察プロセスをロジックツリー化

　こうして分解すると、ツリーの末端には一般法則が存在するので、次は「それぞれ観測事実をもとにOK／NGを判断していく」という考察プロセスになります。というわけで、ロジックツリーは大事ですが、その前後の**問い／結論／行動**という枠組みがあって初めて意味を持つことに注意してください。

▶ ツリー構造でなければならないのか？

　「論理構造は必ずツリーでなければならないのか？」と言うと、そんなことはありません。しかし、ツリーを作って損（時間の無駄）になることはほとんどないので、**5分あるいは10分で簡単に、1層目だけでよいから作ってみる**ことをお勧めします。

　実は、この疑問は私が1996年に初めてロジックツリー＆MECEという手法を知って「とにかく何か主張するならロジックツリーを作れ」と言われたときに感じたものでした。当時、ソフトウェア業界では初期のUMLの策定や、デザインパターンという考え方が流行していた頃で、私もそれに触発されてソフトウェアの複雑な構造を可視化（図解）することに熱中していました。そのため、コンサルティング会社発の「ロジックツリー偏重主義」とも言うべき流儀に対して、「ツリー構

造だけですべてのロジックを表せるわけがないじゃないか？」と疑問に思えたわけです。

この疑問自体は正しくて、ツリー構造では表せないロジックは山ほどあります。早い話が、電子回路はどれもツリー構造にはなりません。しかし、その後に私が理解したのは、**限界をわきまえて使うなら、ツリー構造は実用的に最も広く使えてコストパフォーマンスが高い思考の整理術である**ということでした。

何かの判断をするために「考慮すべきポイント」が多すぎるときは、何らかの基準でそれらをいくつかのグループにまとめて**大まかにとらえる**ことが有用で、これはITだろうと会計や法律、マーケティングだろうとどの分野でも通用します。**大まかにとらえる**と当然、正確性をある程度、犠牲にすることになりますが、あえてそれをすることを通じて「この部分は捨ててもいい、大事なのはこっちだ！」と、**自分自身の考えで問題を切り分ける**ことが大事なのです。情報を捨てるためには「ここは捨ててもいい」と判断できなければなりません。**問題の全体像を深く理解して初めて捨てることができます。**

ロジックツリーの1層目を作る意味は、そこにあります。情報量を限定することによって、全体像の理解を深めることを強いるわけです。だからこそ、ロジックツリーはどの分野にも使えて、実用的に最もコストパフォーマンスが高い方法なのです。

▷ 論理的ではない主張とは？

さて、ここまで「論理的に考える／説明する」ための基本事項を見てきましたが、逆に**論理的ではない**と言えるのはどんなときでしょうか？　**図4-6**の3つの例文の中で、論理的ではないものを選んでください。

❶ 西から雨雲が移動してきているので、明日は雨が降るだろう　　エビデンス型

❷ 天気予報が明日は雨と言っているので、明日は雨が降るだろう　権威づけ型

❸ 明日は雨が降るような気がする　　根拠レス型

図4-6　主張文の3つの類型

　この3つの類型は、何かを主張する際に最もよく出てくる典型的なものと言ってよいでしょう。

　❶の「西から雨雲が移動してきている」は、観測事実を語っていて最も論理的です（一般法則と観測対象は省略していますが、簡単に推定できるので、書いてあるものとして扱います）。これを本書では**エビデンス型**と呼ぶことにします。❷は、「天気予報」という権威ある誰かに頼って主張しているので、**権威づけ型**と呼びます。❸は、根拠を何も示していないので、**根拠レス型**と呼びましょう。ただし、発言者が「この地域の気象をよく知る長老」のような人物であれば、本人を権威とする**権威づけ型**と言えるかもしれません。**❸は、明らかに非論理的です。そして、実は❷も同じく非論理的です。**論理的であるためには、

　　　　その論理が正しいかどうかを第三者が検証できなければならない

という条件があります。「西から雨雲が移動してきている」かどうかは、西のほうに住む人に聞けば、あるいは観測所のデータを見ればわかるので、第三者が検証できます。省略された一般法則と観測対象も「過去に**第三者による検証**を経て正しいとみなされるようになった法則」なので、検証可能とみなします。したがって、❶は論理的です。❷は「権威」とされる人や組織がどんなロジックで「明日は雨」と言ったのかがわからないため、検証できません。❸も同様です。

　エビデンスは、「証拠」を意味する英語です。当たり前ですが、証拠は第三者が

検証できて初めて証拠になるので、「検証可能な形で論理構成をしている」のが**エビデンス型**というわけです。もちろん、一般法則や観測対象が自明でない場合は、それも明示しておく必要があります。天気については、気象庁が天気予報で「明日は雨」と言ったのであれば、ほとんどの場合、信頼してよいですが、信頼できるかどうかと論理的かどうかは別の話です。たとえ「権威」が言ったことでも、エビデンスがないものはロジックが明らかではないため、論理的とは言えません。

▷ 論理的な主張は間違いがあっても修正しやすい

　第三者が検証可能であるということは、非常に重要なポイントです。これができるように論理構成した主張は、もし間違っていても修正しやすいので、悪影響を小さくできます（**図4-7**）。

図4-7　検証可能な主張は修正できる

　近年、医療や健康に関する過去の常識が次々と覆っているのをご存じでしょうか？　たとえば、擦り傷などの軽い怪我をしたら、昔は「消毒して乾かす」のが常識でしたが、現在は「消毒しない、乾かさない」湿潤療法が一番に選択されるようになりました。私が子どもの頃は「風邪をひいたら身体を温めて大量に汗をかけ」と言われましたが、その民間療法も今は否定されました。昔の運動部では「練習中に水を飲むのは禁止」でしたが、現在は「のどが渇く前に水を飲め」と真逆になり、足腰を鍛えるために行われていたウサギ跳びは禁止され、腹筋運動のやり方も昔と今ではまったく違うものになっています。

　要は「長年正しいと思われていたやり方が間違っていた例が多数見つかっている」のですが、それらの大半は「昔からこうやっているから」「他のやり方を知らないから」「業界の権威がこう言っているから」などの理由で検証されないまま使われてきたものです。

　検証されないものは間違った状態が長期間継続しやすく、「業界の権威」と言えどもその罠にハマることがあります。だからこそ、**考察プロセスは検証可能な形で構成**しなければなりません。それには「権威づけ型」や「根拠レス型」ではなく**エビデンス型**にする必要があります。つまり、**論理的でなければならない**のです。

4-2

ロジカルシンキングは効率よくハズレを引くための手法である

　さて、前節では「一般法則がある場合」のロジカルシンキングの基本について触れました。今度は、それがない場合について考えましょう。まずは、ロジカルシンキングに関する非常によくある誤解と真実の紹介です。

> **誤解**　論理的に考えれば正しい答えが出せる。ロジカルシンキングは、そのための方法である。

> **真実**　論理的に考えても正しい答えは出ないが、明らかな間違いには早く気づける。ロジカルシンキングは、効率よく重複なしで大量のハズレを引くための方法である。

　実は**一般法則のない問題**については、論理的に考えても「正しい答え」は出ません。それでも、論理的に考えることには意味があります。なぜでしょうか？　ここでちょっとした数式を出します。みんな大好き（？）な二次方程式です（笑）。いえいえ、解の公式なんか忘れていても大丈夫です。計算する必要はありませんので

ご心配なく。

　さて、二次方程式と言えば、中学の数学で習う分野で、こういうやつですね（図4-8）。

出題：下記二次方程式を満たす x の値を求めよ

$$3x^2 + 6x - 2 = 0$$

【解法１：試行錯誤式】
x の値を少しずつ変えていくと……

x	$3x^2 + 6x - 2$
0	-2
0.1	-1.37
0.2	-0.68
0.25	-0.3125
0.29	-0.0077

試行錯誤が続いて
なかなか答えが出ない

【解法２：公式使用】
解の公式を使うと

$$x = \frac{-b \pm \sqrt{b^2 - 4ac}}{2a}$$

だから…

$x =$ **0.290994449**
$x =$ **-2.290994449**

試行錯誤せずに一発で
答えが出る！

図4-8　公式があれば一発で答えが出るが……

　「下記の式を満たすxの値を求めよ」は二次方程式問題の定番で、頭が痛くなった記憶がある方も多いかもしれません。図中で２つの解法を書きましたが、左側の「xの値を少しずつ変えていく」という方法では試行錯誤が続いてなかなか答えが出ないのに対して、右側の公式を使えば一発で正確な答えが出ます。

　ロジカルシンキングも、このように「試行錯誤せずに正しい答えを出すための方法」だと思っていませんか？　実はそれこそが**誤解**であり、実際には**効率よく試行錯誤をするための方法**というのが正しいのです。

▷ 論理的に考えても正しい答えは出ない

今度は、こんな例を考えてください。

抽選箱に100本のクジが入っています。当たりクジは1本だけです（図4-9）。確実に当たりクジを引く方法は？

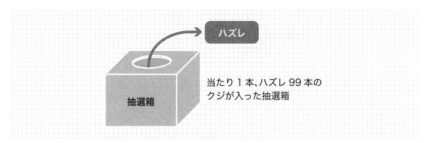

図4-9　抽選箱から確実に当たりクジを引くには？

　答えは、**100本全部引くこと**です。「1本は当たりがある」ならば、100本全部引けばどんなに運が悪くても確実に当たりが出ます。「答えを見つける法則」が存在しない場合は、これしか方法がありません。こういう条件では、「論理的に考えても答えは出ないので、とにかく "数撃ちゃ当たる" でいくしかない」のです。

▷ 実世界では 「法則があるけどわからない」場合が多い

　しかし、現実の仕事では、このような「運を天に任せるしかない」状況は少なく、「当たりの法則があるはずだけど、それがわからない」という場合が多いものです。ここで言う「法則」については、こんな例でイメージしてください。

xとyの2つのパラメータを受け取ってGOODまたはBADの結果を出すプロセスがあるとします。しかし、x、yに何を渡せばGOOD／BADになるのかわかりません。そこで、GOODが出る組み合わせを探したところ、図4-10のような結果が出ました。

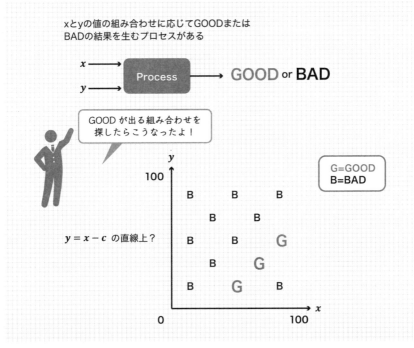

図4-10 「GOOD」が出る組み合わせは？

　「xとyを平面図上にプロットしていくと、どうも直線状に並んでいる気がする。これはどうもcを定数とするy＝x－cの直線上なのではないか？」というわけです。そんな「気がする」ならば、次にやることは1つ。その直線の周辺をもっと詳しく試すことです。その結果、今度は図4-11のようになったとします。

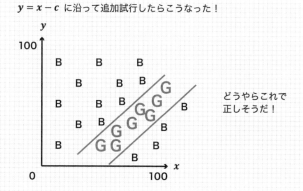

図4-11　試行を追加し仮説を検証する

　追加試行の結果も仮説に合っていれば、確定としてよいでしょう。こうした検証を経て「仮説」は**一般法則**へと昇格します。

　この流れでやっているのは、**手がかり探索→仮説設定→検証→一般化**です。何もわからない段階でまずは「適当にバラけた」試行錯誤をすると、たまに「当たる」ものが出ます。その「当たり方」に傾向があるなら、それを言語化（定式化）して「仮説」を立てるわけです。

　ある現象に関する知見を「天気は西から東へ移動する」のように言葉で表現することを**言語化**と言います。中には、y = x − cのように**一定の式で表せる**場合があり、これを**定式化**や**モデル化**と言います（これも言語化の一種です）。

　知見を**言語化**できれば、その後は予測ができるようになり、設計や教育が楽になります。加えて大事なのは、**言語化すれば検証可能になる**ということです（**図4-12**）。手がかり探索をして、見つかった傾向を言語化した段階では、それはまだ「仮説」にすぎませんが、その仮説を「検証」して矛盾がなければ、もはやそれは**一般法則**として扱えるようになります。これが、新たな一般法則を確立するまでの流れです。

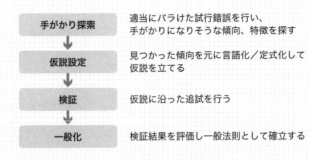

図4-12　一般法則確立までの流れ

　ここで大事なのは、**手がかり探索の段階では適度にバラけた試行錯誤をする必要がある**ことです。xとyがそれぞれ0〜100までありうるならば、**図4-10**のように**その範囲を均等に散らした試行錯誤をして探索する**というのが有力な方法であり、**図4-13**のように一部の組み合わせに集中してはいけません。一部に集中してしまうと、試行数が多くても正解のラインにかすりもせず、まったく手がかりが得られないことがあります。

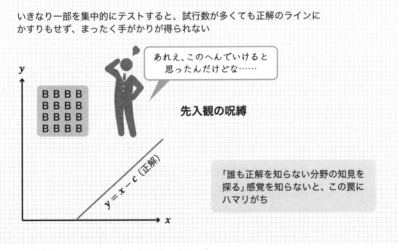

図4-13　「適度にバラけて」いない試行錯誤の欠点

　「いや、そんなバカなことはしないよ」と思うかもしれませんが、実際よくあるので気をつけましょう。危険なのは「このへんでいけるだろう」という先入観がある場合で、私はこれを**先入観の呪縛**と呼んでいます。

　自分がすでに知っている知識経験から「このへん！」というカンが働いたときは、その周囲を集中的にテストしたくなります。それが最も効率がよさそうに思えるからです。そのカンが正しければよいですが、ハズレだったときもすぐに見切りをつけずに「あれ？　おかしいな、ここは？　これは？」と、その近辺に固執してしまうと、**先入観の呪縛**にとらわれます。当然、試行錯誤はタダではないので、手がかりを1つも見つけられないうちに予算切れになりかねません。

　ずっと「誰かが教えてくれる正解を覚えてこなす」という形の仕事ばかりをしていると、このような**たくさん無駄ダマを撃つことを前提にして探索の範囲を広げ、適度にバラけた試行錯誤をする**という感覚を知らないので、この罠にハマってしまうことがあります。気をつけましょう。

　といっても、「気をつける」とは具体的にはどういうことでしょうか？

▶ 論理的に考えれば
「効率よくハズレを引く」ことができる

　「気をつける」ために必要なのが、まさに**論理的に考える**ことです。そして、そのキモになるのが**全体像を把握したうえで分割する**ことです（図4-14）。そうすれば効率よくハズレを引くことができます。

　こう書くと、当たり前のことを言っているだけのように見えますし、実際当たり前のことですが、実行するのは難しいものです。なぜ難しいのか、その理由は後述するとして、「効率よくハズレを引く」とはどういうことかを説明しましょう。

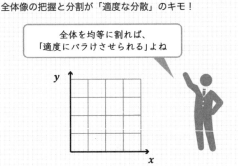

図4-14　全体像を把握して分割せよ

　まったく新しい分野の商品開発など、誰も正解を知らないテーマを考える場合、最初にやることは「均等に分割して1点ずつ試す」という**手がかり探索**です。この場合、「ハズレ」率は高くなるのが当たり前で、**図4-15**では13点中10点がハズレですが、医薬品開発などの分野では99.99……%がハズレになるのも普通です。

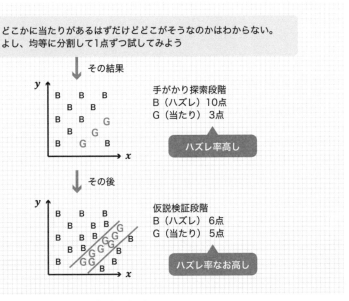

図4-15　新しい一般法則を探るならハズレ率は高くなる

　高いハズレ率を乗り越えて手がかりをつかんだら、次は仮説検証段階ですが、ここでもハズレ率はあまり低くなりません。**図4-15**はハズレ率5割の例ですが、たとえばあなたが料理人だったとしてお客さまから注文を受けたとき、「2回に1回はまずいのができちゃいますが、ご了承ください」などと言ったら二度と来店してもらえないでしょう。普通のビジネス感覚なら、ハズレ率5割などというのはありえません。しかし、**誰も正解を知らないテーマの一般法則を探る**という場面であれば、これが普通であって、**ハズレ率は高くなければいけない**のです。なぜなら、

ハズレ率が低くなるのは、
「すでにわかっていることをやっているだけ」のときであり、
新しい挑戦を何もしていない（失敗恐怖症）

ときだからです。まだ誰も一般法則を知らない新規分野を探っているはずなのに、それではダメです。これを私は**失敗恐怖症**と呼んでいます。

▶ 適度なハズレ率で探索／検証をするのが望ましい

　結局、ハズレ率は高くても低くても、

> ハズレ率が高すぎる＝先入観の呪縛
> ハズレ率が低すぎる＝失敗恐怖症

と、それぞれのダメパターンにハマっている可能性が高いです。新規分野を開拓するときは、適度なハズレ率で探索／検証をするのが望ましいわけです。

　では、**適度**とはどのぐらいなのか？　それが気になりますが、ほぼ100％近くハズれるのが当たり前の分野もあれば、数分の1で収まる分野もあり、いつでも通用する目安はありません。したがって、考える人それぞれが**この場面ではどのぐらい外してよいか**を判断していくしかありません。

▶「明らかな間違いに早く気がつく」とは？

　ただ、「ある程度のハズレを引くのが必要」とは言っても「試す前から無駄とわかっているハズレは除外してから試したい」のは当然です。それを無自覚にやってしまうと**先入観の呪縛**になりますが、自覚的にやるのは必要なことです。実は、論理的思考が一番役に立つのは、この段階なのです（**図4-16**）。

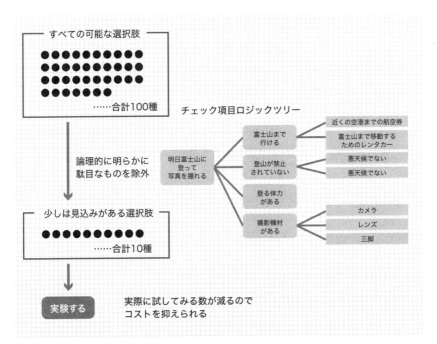

図4-16　論理的に明らかにダメなものを除外する

　「すべての可能な選択肢」を100種用意したとして、そのすべてに見込みがあるということは普通ありません。たいていその大半は「論理的に考えれば、試す前からダメとわかる」ものなのです。具体的には、「チェック項目（通常はロジックツリー化する）」を全部確認して見込みのないものはハジいていきます。このように、「明らかにダメなものを除外」するために論理的思考が役に立ちます。しかし、そうして残った10種のうち、どれが「当たり」なのかを予測することはできない場

合が多く、後は「全部やってみる」しかありません。でも、それで十分なのです。除外した90種分の実験はせずに済むので、時間とお金を抑えられます。それが、本節の最初に書いた**ロジカルシンキングは効率よくハズレを引くための方法である**ということなのです。

▷ 結局のところ、
全体を把握できるかどうかがキモである

　このプロセスは、結局のところ**全体を把握**できるかどうかがキモです。ここで言う「全体」とは、「すべての可能な選択肢」全体と、「チェック項目」の全体です。ここで論理性が重要なのは、**論理性を追求せず直観的（ヒューリスティック）に考えると、全体を把握できない場合が多い**ためです。ヒューリスティック（直観的に判断）は人がふだん日常的にやっている思考法で、「なじみのあるものには気づくが、珍しいものは忘れがち」です。つまり、誰も正解を知らない新規分野で一般法則を探すような「全体を把握すべき場面」には向いていません。そこで必要になってくるのが、**論理性**、特に**ロジックツリー**と**MECE**（ミッシーまたはミーシー）という考え方です。

第4章 ロジカルシンキングの基本を知っておこう

4-3

ロジックツリーと
MECEの基本と意義

　ロジカルシンキングと言えば、**ロジックツリー**と**MECE**（**M**utually **E**xclusive and **C**ollectively **E**xhaustive：ダブリなく、かつ、モレなく）です。いずれも**4-1節** p.77 で簡単に触れましたが、ここで詳しく扱います。

　まずは**図4-17**を見てください。ある会社のWebサーバについてレスポンスが遅いという苦情が寄せられた際に、2人のITエンジニアに原因と対策を尋ねたとこ

ろ、違う答えが返ってきました。両者の回答のうち、より説得力があるのはどちら
でしょうか？

状況：ある会社のWebサーバについて、ユーザからレスポンスが遅いという苦情が寄せら
れることが多い。原因と対策を尋ねると、2人のITエンジニアから違う答えが返ってきた。

Aさんの説明（非論理的）	Bさんの説明（論理的）
というわけで、苦情の45%はレスポンスの遅さに関するものなんですよ。でもシステムのチューニングはもう限界です。サーバを増強しないとどうにもなんないですよ。	サーバおよび回線の負荷は低いため、それが原因とは考えられません。遅いという苦情のほとんどは海外からのものであり、通信経路の長さがボトルネックであると考えられます。これを解決する案としては、海外配信に強いCDNサービスの利用が有力です。

図4-17　説得力を感じる説明はどっち？

　Aさんは「遅い」という問題に対して「サーバ増強」を提案していますが、ボト
ルネックがサーバ性能にあることを何も示しておらず、45%という数字が「サー
バの増強」とどう関連づくかの説明もないため、論理的とは言えません。それに対
して、Bさんは論理的に原因分析をして解決策を提案しています。

　この例のように、**問題を解決しなければならないとき**は、論理的思考を必要とす
る典型的な場面です。A、Bどちらの方法にしても、実行するためにはお金がかか
るので、採用するには合理的な根拠が必要です。根拠を示せていないAさんの提案
には上司や顧客は不安を感じ、決裁をためらうでしょう。

≫ 問題解決のための原因分析にロジックツリーを使う

　一方のBさんは、この説明をするにあたって、**図4-18**のようにロジックツリー
とMECEを駆使した情報整理をしていました。

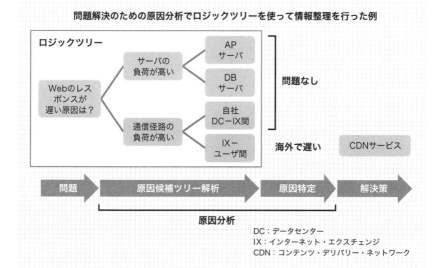

図4-18　原因分析にロジックツリーを使用

- ツリー構造の根の部分（図の左端）に「遅い原因は？」と問題を書いて、原因分析をすることを示す
- 原因の候補となる要因を1層目で、「サーバの負荷」または「通信経路の負荷」のいずれかであると大分類する
- 大分類したそれぞれを2層目で具体化する

という構造です。原因の候補が「全体として」どれだけあるかを洗い出すのが、この原因候補ツリーの役割です。

　候補を洗い出したら、それぞれ個別に状態をチェックする「原因特定」の作業を行い、他は問題なく海外でだけ遅いのであれば、IX−ユーザ間の問題であろうと推定できるので、解決策としてCDNの導入を検討、という流れです。この**問題→原因候補ツリー解析→原因特定→解決策**という枠組みは、問題解決のためによく使われるものです。Aさんは、こうした構造を念頭に置いていたので、提案の根拠を

論理的に説明できました。

▷ ロジックツリーの作り方

ロジックツリーの作り方には、いくつか一般的な作法があります。

- 検討したい主題（問題、テーマ、イシューなどと呼ぶ場合あり）を左端に
  １つ書き、そこから右に向かって枝分かれさせる
- 枝分かれをするときは、できるだけMECE（ダブリなく、かつ、モレなく）
  となるようにする
- ただし、ツリーの３層目以降ではMECEにはあまりこだわらない
- 枝分かれした子要素は、親要素を１つだけ持つようにする（これもツリーの
  末端ではあまりこだわらない）

図4-18では「原因分析」のツリーを作っていますが、解決策のツリーを作る場合もあれば、目標設定のツリーを作る場合もあります。要は、要素が多数ある場合にそれを分解／分類する階層構造でしかないので、**「考えなきゃいけないことがいっぱいある」**と思ったら、**たいていロジックツリーが使える**と思ってください。

▷ MECE＝「ダブリなく、かつ、モレなく」を どこまで追求する？

MECEは、多数のものを「ダブリなく、かつ、モレなく」分類しようという考え方です。数値で計れるものや、少数の離散値をとる性質のものについては、比較的簡単にMECE分類ができます（**図4-19**）。

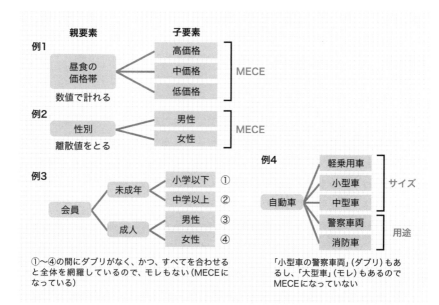

図4-19　MECEの考え方

例1 は数値で計れるもの、 例2 は少数の離散値（連続していない状態の値）をとるもので、いずれも MECE になっています。 例3 のように「未成年」の下の枝は年齢で分け、「成人」の下は性別で分けるなど、違う枝には違う分類基準を使うこともできます。 例4 は、MECE になっていない例です。サイズによる分類である「軽／小／中」と、用途による分類である「警察車両／消防車」を同列に混在してしまうと、分類基準が1つに定まらないのでMECE になりません。

MECE を追求しようとしたときに困るのが、**どこまで厳密なMECE性を目指すのか**です。「成人」を男性と女性に分けるのはMECE のようにも見えますが、LGBTの意識が高まった現代ではそれでは済まない場合もあります。「小学以下／中学以上」ならその問題はなさそうにも見えますが、近年増えてきている「公教育制度下の学校に通学しない子ども」の場合はどうしますか？　年齢区別の指標として小／中を使うならこのままでもよいですが、実際に通学している学校の意味で使っているなら第3の区分が必要かもしれません。

第4章　ロジカルシンキングの基本を知っておこう

101

　このように、MECEの概念は厳密に追求しようとするといろいろと難しい、というよりも実は不可能なのです。複雑なロジックツリーを作ると、「うーん、この要素はあっちやこっちとダブリがあるし、省略するとモレるし……」などと悩むことが多くなります。そう、この悩むことが大事なのです。

　残念ながら、この件については「ここまでやれば大丈夫」というようなわかりやすい目安はありません。しかし、必ず「よし、これで十分だ。これでいこう！」と見切りをつけられる（枝葉の部分は切り捨てる、と覚悟が決まる）ときが来ます。**見切りをつけられるまで、しっかり悩んでください。**実は、悩んでいる間に問題への理解が深まって**重要な部分とそれ以外**を区別できるようになります。そのためには十分に悩む必要があるので、この**悩むこと**をおろそかにしてはいけないのです。

▶ うまくMECEにならないときこそ、問題理解を深めるチャンス

　ある人からこんな話を聞きました。

> ロジカルシンキングの研修で、MECEについて、
> 　「たとえば日本は、北海道／本州／四国／九州の４つの島から成っています。このようにダブリなくモレなく分解するのがMECEです」
> と説明されましたが、どういうことかさっぱりピンときませんでした。

　実のところ、この説明だけだとピンとこないのは仕方がありません。日本を主要４島に分解したところで、「それに何の意味があるの？」と思うでしょう。日本には主要４島以外にも、沖縄、佐渡、淡路島など多数の島があるため、たとえば「沖縄は？」といったツッコミが入ることも当然ながら想定されます。４島だけでよしとする整理が役に立つのは、問題設定がそれに見合っているときだけです。そのため、「何の問題について考えているのか？」をセットで語らなければ、MECE分解ができているかどうかはわかりません。

　たとえば、これが「日本の気候を大まかに区分すると」という話だと、本州でも太平洋側と日本海側では大差があるので一緒にはできません。一方で、気候の話であっても「梅雨があるかどうか」が問題なら、北海道とそれ以外に二分してしまっても MECE と言えます。というわけで、問題を MECE に分解しようとするとき、問われているのは**問題設定**であって、実は MECE そのものではないのです。

　具体的には、たとえば物置メーカーが新製品を発売したい、といったときには、次のとおりです。

> ## ┃ 問題設定
>
> **理由** 雪が積もると屋根に荷重がかかるので
> **基準** 例年、雪が積もる地方とその他で設計を変えなければいけない
> **地域分解** 大筋で太平洋側と日本海側に分解できる（MECE）

　こんな感じで、問題設定のところで**理由**と**基準**を明確にしてあれば、「ああ、それなら太平洋側と日本海側に分けるのは妥当ですね」という納得感が得られます（実際の積雪地の区分と太平洋／日本海側の区分は厳密には一致しませんが、実用的にはある程度合っていれば十分です）。MECE がうまくいかないという場合、たいていは**問題設定の「理由」と「基準」があいまいになっている**ことが多いのです。ところが、なかなかそれに気がつきません。本来は、この**「理由」と「基準」を明確にする**のに労力を注ぐべきなのですが。

　しかし、MECE を追求すると、その副産物として**「理由」や「基準」のあいまいさや間違いに気がつく**ことが非常によくあります。たとえば、次のような感じです。

Aさん

新製品を設計しよう！　「北日本向け」は特別仕様でね！❶

どうして北日本は特別なんですか？

Bさん

Aさん

ああ、寒いからだよ❷

（その1か月後）

え？　山陰地方にも「北日本向け」を売るんですか？　なぜ？❸

Bさん

Aさん

だって内陸部は雪が積もるから、当然でしょ❹

……だったら北日本向けじゃなくて
「積雪地向け」と言ってくださいよ！！

Bさん

さて、何が問題だったのかを見ていくと、

❶「北日本向け」は間違い（地域分解のミス）
❷「寒いから」も間違い（基準定義のミス）
❸ コミュニケーションギャップの発生
❹ 真相が明らかに！！（雪の有無が本当の理由だった）

となるわけです。こういうケースでは、最初の❶❷の段階で、

❶ MECE性に欠ける分解（「北日本」以外を明示していない）
❷ 間違った理由づけ

をしています。❶の間違いがあるから、❷の間違いに気がつかないんですね。このように、**MECE性に欠ける分解をしているために、理由づけの間違いに気づかない**というケースが実は多いのです。そのため、❶の段階でMECEを意識して「北日本、それから山陰地方は」のように表現していれば、❷で「寒いから」ではなく「雪の有無」が真の理由だということに気がつきやすいです。

つまり、**MECEは「理由付け＋基準」と一緒に考えないと意味がない**のです。

別の言い方をすれば、**「理由付け＋基準」を明確にすることがMECEを考える真の意義**であり、それがうまくいかないというのは**問題をよく理解するチャンス**なのです。

*●● まとめ

≫ 物事を体系的に整理し、矛盾や飛躍のない筋道を立てて考えるのが論理的思考

≫ 手がかりを見つけるには**適度にバラけた試行錯誤**が不可欠

≫ 問題が明確でないときにMECEを考えても答えは出ない

構造が重要「ではない」情報とは？

複数の情報項目が「相互に無関係」な情報は文章で書いても問題ない

例：避難所での不足物資

当避難所では以下の物資が
不足しています。

1.粉ミルク	6.生理用品
2.飲料水	7.トイレット
3.アルミ毛布	ペーパー
4.発電機	8.歯ブラシ
5.AMラジオ	9.爪切り

この種の情報は一部項目で順番の入れ
替わりや欠落があっても他の情報には
通常影響しない。
（それが「構造がない」ということ）

→文章で書けるし電話でも伝えやすい

技術情報は多くの場合、これに該当しません！

「構造が重要な情報を説明するなら図を書こう」と言うと、逆に「構造が重要
ではない情報というのはあるのか？」が気になります。最も単純な例としては、

　　「雨が降っている」

のように、情報量が極端に少ないものはそもそも構造がありません。あるいは、

　　「あなたはかわいい人、うれしい人、恋しい人、そして悪人、ぼくをこんな
　　に迷わせて、此上はただもうどうかして実際の妻になってもらう外、ぼくの
　　心の安まる道はありません」（出典：劇作家島村抱月の恋文）

のようなラブレターも、構造化して役に立つことはないでしょう。

　それ以外の例としては、上図のような「避難所での不足物資リスト」のような
情報があります。図示したような情報であれば、複数の項目が相互に無関係なの
で、一部が抜けても、あるいは順番の入れ替わりがあっても、他の項目には影響
しません。たとえば、「発電機」という情報が抜けても「粉ミルク」の調達には
何の影響もないであろうことは明らかです。そのため、この種の情報は、文章で
も書くことができ、電話でも伝えやすいですが、技術情報は多くの場合は**相互に
関係がある**ので、これに該当しません。

　もちろん、避難所での不足物資のような情報でも種類が多くなると、食品系、
エネルギー系、衛生系のように分類することが求められるので、「構造が重要で
ない」のはせいぜい10箇条程度までの話です。

「報告」系文書を
整理するときのパターン

第4章まで、情報整理の基礎知識と考え方を解説しました。第5章からは、よくあるシチュエーション別に情報整理のパターンを見ていきましょう。まずは、どんな会社でどんな仕事をしていても必要な文書の代表格である**報告書**です。簡潔に要点をとらえた報告をするためのポイントを知っておきましょう。

単純な「報告」には
どんな種類の情報が含まれる？

作業報告、調査報告、障害報告など、「○○報告」や「○○レポート」と名のつく文書、いわゆる**報告書**は、どんな会社でも読む／書く機会があるはずです。あるいは、口頭やメール、チャットでのコミュニケーションも、その内容の多くは**報告**です。そのため、「報告」のための情報整理の基本を知っておくと役に立つでしょう。

まずは、最も単純な場面を例にして、**報告**にはどのような情報が含まれるかを把握しましょう。たとえば、あなたが会社の給湯室で電気ポットのそばにいるとき、誰かから「今、お湯ある？」と聞かれた場面を思い浮かべてください。あまりにも単純な日常の1コマですが、この質問への返事も、実は**報告**の一種です。あなたは何と答えればよいでしょうか？

「今、お湯ある？」とたずねた質問者は、その答え（報告）を受け取る立場（受領者）でもあります。この質問の意図は、「お茶を飲みたい（からお湯ある？）」かもしれないし、「カップラーメンを作りたい（からお湯ある？）」かもしれません（**図5-1**）。この**意図**がハッキリしていればよいですが、「お湯ある？」だけではわかりません。

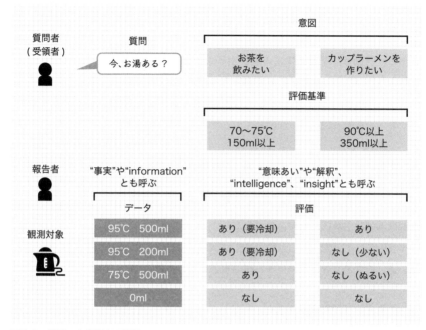

図5-1 「報告」に関係する情報

　あなたは、報告を送る側の人、つまり**報告者**であり、観測対象、この場合は「電気ポットの状態」を報告する必要があります。見たところ、「95℃のお湯が200mlあった」とします。このとき「あります」と答えてよいでしょうか？　純粋に物理的な有無だったら「あり」です。しかし、カップラーメンを作りたいなら200mlでは足りないので「なし」です。お茶を飲みたいなら1人分を入れるには足りる量なので「あり」です（もちろん複数人のお茶を入れたい場合は「なし」ですね）。

　つまり、95℃／200mlというデータは変わらなくても、「報告」を必要とする質問者の意図によって、その評価は変わってきます。**「データ」に意味を与えたものが「評価」である**という関係に注意してください。**データ**は、基本的に**報告者による差が出ない**部分です。電気ポットの中のお湯について、Aさんが計って95℃／200mlであれば、Bさんが計っても誤差を除けば同じ数値となります。

　そのデータの**評価**は、**意図**によって決まります。お湯の温度と量が同じでも、意図（お茶かカップラーメンか）が違えば、その評価（あり／なし）は変わります。さらに、**評価**は、**報告者による差が出る**部分です。たとえば、「"カップラーメンを作る"のに何度のお湯が何ml必要か？」と10人くらいに聞けば、バラバラな答えが返ってくるでしょう。つまり、**評価基準が人によって違う**ことがあるため、データ（お湯の温度と量）が同じでも、評価には差が出ます。

　理想を言えば、質問者が**意図**に加えて**評価基準**も明確にしたうえで質問してくれればよいですが、現実には**意図**も**評価基準**もわからない質問が世の中にはあふれています。そのため、良い報告をするためには**報告者が質問者の意図と評価基準を探らなければならない**ことがあります。

　以上、ここまでをまとめると、良い報告をするためには、

- 報告者は「質問」の「意図」を探り、
- 「評価基準」を定めたうえで「観測対象」を決めて「データ」を集め、
- 「評価」して返さなければいけない

ということです。「今、お湯ある？」という単純な質問でも、考えなければならないことが意外に多い、ということがわかったはずです。

5-2

「結論から話す」ことができない理由とは？

　「結論から話してくれ」という要求は、報告ベタな人が上司から指摘される要改善事項のトップにくるのではないでしょうか。これはビジネスコミュニケーション教育のイロハとも言うべき考え方なので、たいていは新入社員教育などで教えられ

ますが、実行するのは難しいものです。例として、次のような状況があったとします。この話の**結論**を一言にまとめることはできるでしょうか？

> あなたは連日の深夜残業が続いて睡眠不足になっていた。その状態で通勤のため自家用車で会社に向かう途中、居眠り運転によりガードレールにぶつけてしまい、足もケガして動けなくなったところである。幸い、周りの目撃者が救護に来て警察や救急へ連絡してくれた。しかし、今日行くはずだった仕事の現場には行けそうにない。ただ、足は痛いものの上司に電話するぐらいはできそうだ……。

さて、上司に電話がつながったら、何と報告しますか？　ダメな報告の典型例は、「このところ深夜残業が続いて疲れていて……」と、時系列的に原因にさかのぼって話すことです。これは今すぐ対応が必要なことではありません。

この話の場合、上司に真っ先に伝えるべきなのは「交通事故にあってしまい、今日の仕事の現場に行けない」ということです。これなら2秒で伝えられますし、その直後にあなたが気を失ったとしても、上司は最も重要な情報を理解して対応できます。もちろん、この「真っ先に伝えるべきこと」は、相手が違えば変わります（**図5-2**）。救護者が相手ならば、「ケガがあって歩けない」、したがって「救急車を呼んでほしい」と言うべきですし、会社の人事総務部門が相手ならば、「深夜残業が続いて睡眠不足」に着目して「労務管理を改善してほしい」と言うこともありそうです（もちろん、事故の現場から言うことではないので、事態が収束してからですが）。その他、自分自身が考えるべきこともあります。

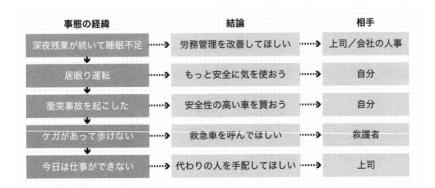

図5-2　結論は相手によって違う

　こう考えると、**結論は相手によって違う**ことになります。そして、もう1つ言えるのは、**結論は行動につながる一言**だということです。「救急車を呼んでほしい」は相手の行動、「安全に気を使おう」は自分の行動という違いはありますが、いずれにしても何らかの行動を提案しています。

　なお、厳密に言うと、結論という言葉には**状況把握**と**提案**の2種類の意味が含まれています（**図5-3**）。そのため、上司に「結論から言え！」と求められた場合に、そのどちらなのかは確認しないとわかりません。

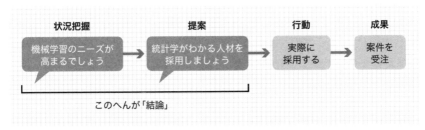

図5-3　結論には状況把握と提案が含まれる

　そんな不明瞭さはあるものの、いずれにしても**結論は行動につながる一言**です。これが大事なのは、仕事は何らかの行動をすることによってのみ成果が出るからです。「報告を聞いた相手が何をすればよいかわからず動けないままでいる」という

のは、一番ダメなコミュニケーションです。よって、**報告**する際に真っ先に伝えなければならないのは、**行動につながる情報**です。

部下
> もしもし、実はこのところ深夜残業が続いて睡眠不足でして。

> うん、だから？（休みを取りたいってことかな？）

上司

部下
> かくかくしかじかで……
> 事故を起こしてケガをしまして今日は仕事に行けません。

> 何だって！大丈夫か？（それを先に言ってくれ！
> やばい、代わりに現場に行ってくれる人を見つけなきゃ）

上司

　ケガへの気遣いはするにしてもそこは病院に任せるしかないので、上司の立場で今すぐ行動しなければならないのは「代わりを見つける」ことです。だからこそ本来は「深夜残業」がどうこうと言う前に「仕事に行けない」のほうを先に言うべきでした。「結論から話せ」とはそういうことなのですが、これがなかなかできないのはなぜでしょうか？

▷ 仕事の流れを部下に伝えていない

　結論は行動につながるものである以上、部下が上司の行動を予想／理解できていなければ結論を出せません。その場合は当然、「結論から話せ」と言われてもできるわけがないのです。これは、**上司が部下に仕事の流れを伝えていない**場合と、**部下が完全に指示待ち族タイプである**場合の2通りがあります。

　上司が部下に仕事の流れを伝えていない場合の極端な例は、「お湯ある？」とだけ聞いてそれを何に使うのか（カップラーメンかお茶か）言わない上司です。部下

側としては上司がどんな**行動**を意図しているのかわからないため、その行動に見合った結論を出せず、「95℃／200ml」というデータを答えるしかなくなります。つまり、この場合は「部下が結論から話せないのは上司の責任」です。このような「仕事の流れを言語化して関係者に共有する」のが苦手なタイプの上司は少なからずいます。

実は、かつて「部下に言わない（言語化しない）」ことが許容されていた時代もありました。仕事は先輩の背中を見て学ぶもの、明確な指示がなくても上司の行動を予測し「気を利かせて」動くのが部下としてのあるべき姿勢である、という価値観が主だった時代です。これはこれで一理あるので間違いとまでは言い切れませんが、現代は仕事が複雑化しているため、「言語化が苦手」な上司は、もはや生き残れないでしょう。モノを扱う仕事は「見ていればわかる」ものが多く、非定型業務の比率も低いので、真剣に上司を観察している部下であれば、「仕事は背中を見て学ぶ」が成立しました。しかし、現代の仕事は情報を扱うものが多く、非定型業務比率も高いので、その前提がもはや成り立たないのです。

一方、**部下が完全に指示待ち族タイプ**の場合は、仕事の流れを伝えていたとしても「結論から話す」ができない場合があります。厳密に言うと、**状況把握**と**提案**の間には一段ハードルがあり、指示待ち族タイプは、そこで止まってしまう傾向があります。この場合は、**提案**まで考える習慣をつけるように、上司が根気よく指導していくしかありません。

▶ 心理的安全性がない

特にトラブルの報告をするときにありがちなのが、**言い訳から説明を始めてしまうあるいは悪い結論をそもそも報告しない**というものです。これは、**心理的安全性**がない組織で起こりがちです。**心理的安全性**とは、「自分の考えや意見などを組織のメンバーの誰とでも率直に言い合える状態」を意味する概念です。グーグルが2012年から始めた生産性改革プロジェクト、「アリストテレス」を通じた調査研究により、組織の生産性を左右する決定的な要因として、この心理的安全性が浮上

したことで話題になりました。「言い訳を言ってしまう」のは結局、「自分の責任ではない」ことを主張しなければ処罰されてしまうからです。その結果、心理的安全性のない組織では、小さな問題は隠蔽されるようになって組織的な改善が進まなくなり、大きな損害を出すまで放置されてしまいます。また、**提案**が出づらくなるため、**指示待ち族**傾向も助長します。

これも結局のところ、**管理者がどのように組織風土を作るか**にかかっているので、上司の責任と言えます。

▷ 部下に「情報を整理してまとめる」習慣がない

「結論から話せない」理由の最後が、**情報を整理してまとめることができない**という部下側の問題です。**整理してまとめる**（つまり**情報整理**）とは、「細かく分解したうえで、必要な部分だけを切り取って他を捨てる」ことです。しかし、何かを報告するときに「自分が思い出した順に書く／言う」ことしかできない人は、この**情報整理**ができません。人間が日常生活の中で行う普通のコミュニケーションでは、「自分が思い出した順に書く／言う」が当たり前ですし、それで別に何の問題もないので、珍しいことではありません。しかし、情報を扱う仕事をするときには、**情報整理**の能力がないと困ります。学生時代に論文やレポート、研究発表を通じてこの能力を磨いている場合もありますが、それは誰にでも期待できることではありません。そのため、上司としては部下の**情報整理**能力を育てる必要がありますし、部下側はこの能力を意識的に身につける必要があります。

具体的には、**図5-2**のように、「一連の事態の経緯を細かく分解し、相手によって違う結論が出ることを自覚する」ワークをさまざまな機会に実践するのが効果的です。

状態／トリガー／アクシデント／損害のパターン

　「結論から話す」習慣がついていたとしても、それだけで十分とは言えません。行動につながる**結論**には状況把握と提案が含まれます。正しい提案は当然、正しい状況把握から生まれますが、これが一筋縄ではいかないのです。

　たとえば、自社がクラウドで提供しているサービスが停止する事故が起きたときは、原因調査／影響調査／復旧措置／再発防止などさまざまな調査対応を行い、それを顧客や社内外の関係者に**障害報告**として案内します。その調査対応がつまり**状況把握**の部分ですが、障害報告の際は複雑な因果関係を整理しなければならないことが多く、それらをすべての関係者が素早く理解できる形に表現することが難しいのです。

　そこで本節では、システム障害発生時に**状況把握**のために使える**状態／トリガー／アクシデント／損害**のパターンを紹介します。まずは簡単な例で、このパターンの基本を理解しましょう。

> **給油中炎上事件［文章バージョン］**
> A氏は車に給油するときに静電気の除去を忘れることがよくあった。A氏がある日いつものように給油しようとしたとき、作業中に静電気の火花が散ってガソリンに引火／炎上してしまい、車両が大破して廃車にせざるを得なかった。

　単純な事件なので、このぐらいなら文章でも苦労せずに把握できますが、これを**状態／トリガー／アクシデント／損害**のパターンに分解すると、**図5-4**のようになります。

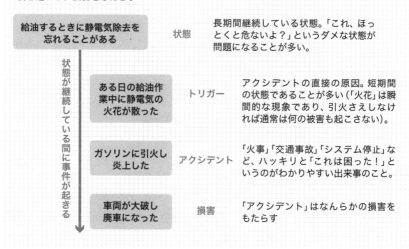

ある継続している状態のときに何らかのトリガー（小さな事件）がアクシデント（事故）を引き起こし、損害をもたらす

給油するときに静電気除去を忘れることがある	状態	長期間継続している状態。「これ、ほっとくと危ないよ？」というダメな状態が問題になることが多い。
ある日の給油作業中に静電気の火花が散った	トリガー	アクシデントの直接の原因。短期間の状態であることが多い（「火花」は瞬間的な現象であり、引火さえしなければ通常は何の被害も起こさない）。
ガソリンに引火し炎上した	アクシデント	「火事」「交通事故」「システム停止」など、ハッキリと「これは困った！」というのがわかりやすい出来事のこと。
車両が大破し廃車になった	損害	「アクシデント」はなんらかの損害をもたらす

状態が継続している間に事件が起きる

図5-4　状態／トリガー／アクシデント／損害のパターン

　このパターンは、この例のような物理的事故に限らず、システム障害やセキュリティインシデントのようなIT分野、さらには、

「プライベートでイライラがたまっていた（状態）社員がちょっとしたミスを顧客から責められて（トリガー）、暴言を吐いたあげく会社を辞めてしまい（アクシデント）、その後始末に追われる（損害）」

といったような人間関係のトラブルにも応用できます。

　このパターンが特に有用なのは、**再発防止策**を考えるときです。状態から損害までのそれぞれに対して性質の違う対策が必要な場合が多いため、これら4項目を切り分けておくことで検討モレを防げるからです（**図5-5**）。

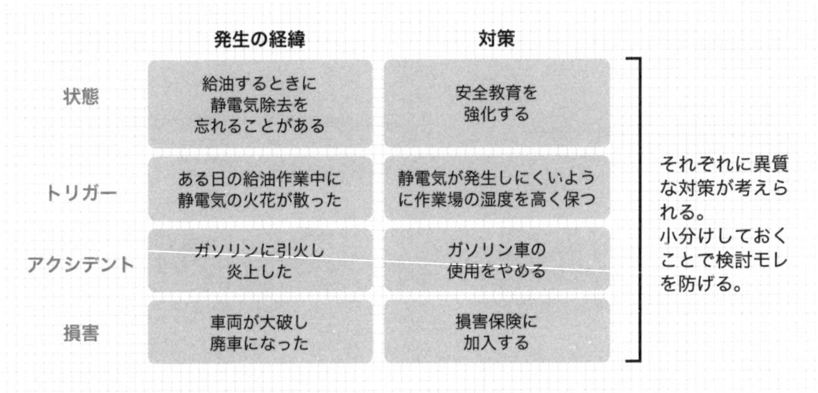

	発生の経緯	対策	
状態	給油するときに静電気除去を忘れることがある	安全教育を強化する	それぞれに異質な対策が考えられる。小分けしておくことで検討モレを防げる。
トリガー	ある日の給油作業中に静電気の火花が散った	静電気が発生しにくいように作業場の湿度を高く保つ	
アクシデント	ガソリンに引火し炎上した	ガソリン車の使用をやめる	
損害	車両が大破し廃車になった	損害保険に加入する	

図5-5　再発防止策の検討モレ防止に役立つ

　たとえば、「安全教育を強化する」は簡単に実施できるのに対して「作業場の湿度を高く保つ」は野外であれば不可能ですし、「ガソリン車の使用をやめて代わりにEVを使う」のはコストや性能面のハードルが高いでしょう。このように、個々の対策の実現性／実効性は千差万別で、中には「理論上ありうるけれど現実的に不可能」なものもあるはずです。そのような「考える時間が無駄」のように思える案も含めて、いったん書き出してみると、意外にその中から良いアイデアが見つかったりします。

▶ 複雑な因果関係を表現する

　この**状態／トリガー／アクシデント／損害**のパターンでは、複雑な因果関係を扱うことがあります。例として、次のようなセキュリティインシデントを考えましょう。

> 2021年にA市病院の院内情報システムがランサムウェアに感染し、電子カルテデータを暗号化されてすべての診療が不可能になる事件が発生した。この事件の発端は職員の1人が病院への事務連絡を装って送られてきた不正なメールの添付ファイルを開いてしまったことで、それによって、適切なアップ

デートをせずに運用されていたPCでマルウェアが稼働を始め、攻撃者が外部に設置した攻撃用サーバに接続されて遠隔操作を許してしまい、データを暗号化されたと考えられている。事後の調査により、院内情報システムに外部から接続するためのVPN装置の既知の脆弱性が放置されていたこと、VPN装置に接続可能な範囲を制限していなかったことも明らかになっている。

この事件では、大元の「状態」が3項目に分かれます。図解すると**図5-6**のようになります。

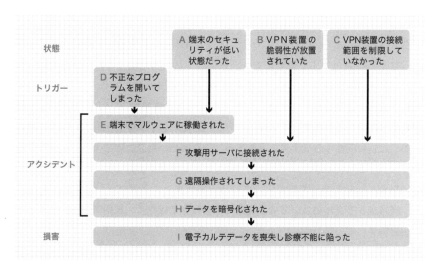

図5-6 複雑な因果関係は図解しよう

A、**B**、**C**が継続している「状態」、**D**は1回の動作なので「トリガー」、**E**〜**H**までが「アクシデント」、**I**が「損害」です。ただし、「アクシデント」の範囲については、これ以外の考え方もありますが、本書では省略します。

まず、**A**＋**D**→**E**の因果関係に注目してください。このように複数の原因（**A**、**D**）が1つの結果（**E**）をもたらすパターンは、よくあります。さらに**B**、**C**とい

う状態のもとに**E**が起きたことで、**F**以下のアクシデントが続きました。このように複数の原因が何段階もの過程を経て合流し、大きな「アクシデント〜損害」に至ることは珍しくありませんが、その流れを「報告書の文章だけで理解する」のはまず不可能です。ですので、図解しましょう。

- 関連する情報を、図5-6の**A〜I**のように細かな要素に切り分け、
- そのうえで矢印を引いて、それらの因果関係を明示し、
- さらに状態／トリガー／アクシデント／損害に分類する

こうすると、事件の全体像を把握できるので、効果的な対策を打ちやすくなります。

　ちなみに、**D**は「トリガー」ですが、その上を見ると「状態」に該当する部分が空白なことに気がつくことでしょう。もしかしたら本当は、この空白部分に「セキュリティ教育が不十分だった」のような情報が入るのかもしれません。しかし、それは原文には書かれていません。「問題なかったから書かれていない」のか、「問題があったかどうか調査していない」のか、あるいは「問題を隠蔽するために書かなかった」可能性もあります。図解すると空白部分が目立つので「ここに何かないのかな？」と考えるきっかけが得られますが、文章だけではそもそも空白に気づかないため、問題があっても見過ごされる確率が高くなります。それを防ぐためにも、**複雑なトラブルについては、文章だけの報告ではなく、因果関係を図示する**ことを目指すべきです。

5-4
しくみ／事象／対処のパターン

　トラブル報告時に使える情報整理パターンとしては、他にも**しくみ／事象／対処**のパターンがあります。まずは簡単な例からいきましょう。

　データセンターの冷却トラブルについて説明している短い文章ですが、この中には**しくみ／事象／対処**の情報が混じっています。それを区別して書くと、**図5-7**のようになります。これが**しくみ／事象／対処**のパターンです。

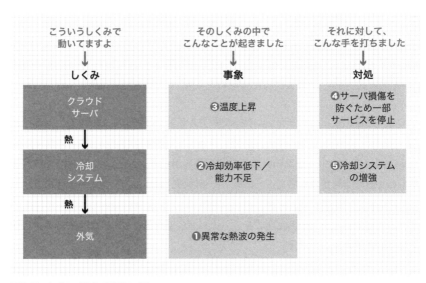

こういうしくみで
動いてますよ

そのしくみの中で
こんなことが起きました

それに対して、
こんな手を打ちました

しくみ	事象	対処
クラウドサーバ	❸温度上昇	❹サーバ損傷を防ぐため一部サービスを停止
熱↓		
冷却システム	❷冷却効率低下／能力不足	❺冷却システムの増強
熱↓		
外気	❶異常な熱波の発生	

図5-7　しくみ／事象／対処のパターン

　「クラウドサーバの熱を冷却システムを通して外気に逃がす」というのが**しくみ**であり、そのしくみのもとで❶❷❸の事象が起き、❹❺のように対処した、とい

うわけです。❶〜❺がそれぞれ**しくみ**の列の3つの箱に対応していることに注意してください。

　このパターンはトラブルを記述するために使うので、**事象**は「人間の意図とは別に、勝手に起きたこと」であり、**対処**は人間が事態を収拾するために「考えて意図的にやったこと」です。中には両者を区別しづらいケースもありますが、基本的にはこのような分け方で考えてください。

　事象には、多くの場合に因果関係があります。その因果関係は**しくみ**の構造に沿って起きるのが普通なので、**しくみ**を**事象**とは区別して示しておく必要があります。ところが、事故／トラブルの報告書で**しくみ**を必要十分なレベルで説明している例は多くありません。というのは、**しくみ**の部分は、たいてい「ずっと変わらない情報であり、知っている人にとっては当たり前のこと」なので、省略しても通じるからです。実際、

- データセンターでは冷却システムを必要とする
- 冷却システムは熱を外気に逃がすため、外気温が低いほど効率がよい

なんて、地球上どこのデータセンターでも言える当たり前のことなので、問題を熟知しているベテラン同士のコミュニケーションなら普通はわざわざ書きません。しかし、想定読者の中に予備知識の乏しい関係者も含まれるような報告書を書くなら、**しくみ**も省略せずに書くようにしてください。**事象**の因果関係がなぜ起きたのかを考えたり、**対処**がなぜ必要なのかを理解するためには**しくみ**の知識が不可欠です。それを知らない「予備知識の乏しい人」でも理解できるような報告書を書くためには省略できないのです。

　逆に、**図5-7**のように**しくみ／事象／対処**を切り分けたうえで、**対応関係のあるものを横一線に並べる**ように書いてあれば、ベテラン以外でも全体像を把握しやすくなります。

▶「しくみ」は「手順」ではない

実際に、この**しくみ／事象／対処**のパターンを覚えたてのときによくやる間違いとして、**「しくみ」のところに「手順」を書いてしまう**というものがあります。その例が**図5-8**左側です。小学校の理科でやるような単純な電気回路のしくみを図示した例ですが、回路図ではなく、それを作る**手順**を書いてしまっています。本来は**図5-8**右側のように、どんな回路なのかがわかる図を書く必要がありました。

システム（電気回路も一種のシステム）でトラブルが起きるときは、**つながった複数の要素のうちの１か所で何か問題が起きて、それが他に波及する**ことが多いものです。その経緯を把握できるようにするためには、構成要素を**分離**したうえで**つながり**がわかるように書かなければなりません。**図5-8**右側（回路図）はその条件に合っていますが、**図5-8**左側（手順図）はNGです。

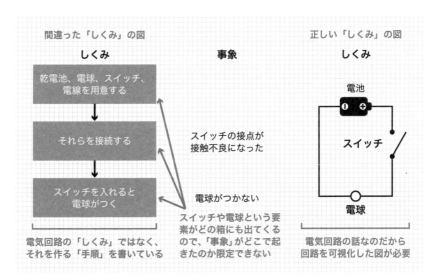

図5-8 「しくみ」は「手順」ではない

しくみをうまく書けているかどうかをチェックする方法の１つに、**事象との対応関係を限定できるか**というものがあります。たとえば、「スイッチの接点が接触不

良になった」という事象は、**スイッチ**のトラブルです。そこで、これに対応する**し
くみ**の部分を探すと、**図5-8**右側の回路図ではスイッチが1か所にだけあるので
限定できますが、**図5-8**左側の手順図では**スイッチ**の語が上下2か所に出ていま
す。実は「それらを接続する」という真ん中の箱も「それら」の中にスイッチが
入っているので、結局全部に関わることになり、限定できません。**電球**についても
同じで、回路図上では電球を1か所に限定できますが、手順図ではすべてに現れて
います。**個々の「事象」に対応する「しくみ」を限定できない場合は、しくみをう
まく書けていない可能性が高い**ので、見直しましょう。

　近年、仕事のやり方はマニュアル化されることが多いですが、マニュアルはたい
てい**手順**中心に書かれるもので、**しくみ**の説明を省略してしまっているケースがよ
くあります。そうした「手順」だけのマニュアルに従う仕事だけをしていると、**し
くみ**を把握し言語化する能力が育たず、想定外の出来事に対応できません。今回紹
介した**しくみ／事象／対処**のパターンを自分で書いてみて「しくみ」を把握する力
を磨きましょう。

▶「対処」と「対策」を区別する場合もある

　しくみ／事象／対処が基本形ではありますが、必要に応じていろいろなバリエー
ションを作れます。よくあるのが**「対策」と「対処」を区別する**というものです。
基本イメージは、

> **対処** 起きてしまった問題を解決すること
> **対策** 問題が起きないように手を打つこと

というものです。たとえば、「社内の通路の障害物につまずいてケガをした」とい
う場合、ケガを治療するのは**対処**であり、障害物を片付けるのは**対策**です。対処と
対策では、時間軸や担当者が違うことがあります。たとえば、ケガを治療するのは
「医者」であり、すぐに行わなければなりませんが、障害物を片付けるのは「社内
の誰か」であり、こちらは先送りにして当面の間は危険標識を掲げてしのぐ、と

いった選択も可能です。

　そこで、**対処**と**対策**に該当する情報が多い場合は、この両者を区別し、たとえば列を分けて書きます。少ない場合は、**対処／対策**として1列にまとめて書いても問題ありません。

　他にも、**事象を「根本原因」と「その影響」に分離**するような場合もあるので、**しくみ／事象／対処**だけではうまく問題を表現できないと感じたときには自由に変化形を作ってみてください。

5-5

IAEJのパターン

　トラブル報告に使える情報整理方法の3つ目として、問題をインフラ（Infrastructure）、アクティビティ（**A**ctivity）、イベント（**E**vent）、ジャッジ（**J**udge）の4階層に分けて整理する**IAEJ**のパターンもあります（図5-9）。

　インフラは、長期間変わらないしくみや装置等のことです。たとえば、銀座や秋葉原にあるような大通りはずっと継続して存在するものであり、明日になったら突然なくなっているということはありません。しかし、そのインフラの上で行う活動は、短期で変わることがあります。たとえば、平日は車が通っている大通りも休日は歩行者天国になることがありますし、平時は学生が運動している体育館が選挙のときは投票所になったり、災害時は避難所になったりします。このような、インフラの上で行う活動が**アクティビティ**です。

　そのアクティビティの過程で起きる「困った出来ごと」が**イベント**です。車が通っていれば交通事故や渋滞が起きますし、人がいれば暴力事件や窃盗が起きるこ

ともあるでしょう。アクティビティの種類によってイベントも変わってくるのが普通です。

　最後の**ジャッジ**は、それらをまとめて「評価を下す」ことを言います。たとえば、「○○大通りの乗り入れの複雑さが渋滞や事故を誘発している」という1文は、「大通り（インフラ）」「乗り入れ（アクティビティ）」「渋滞や事故（イベント）」という3種類の情報をまとめて語って評価を下しています。

I	インフラ	長期間変わらない仕組み、装置等。 例：銀座や秋葉原の大通り
A	アクティビティ	インフラの上で行うように設計された活動。 例：車両の通行、歩行者天国
E	イベント	アクティビティの過程で、限定的な期間や地域で発生した事象。 例：交通事故、渋滞
J	ジャッジ	インフラ～イベントまでの階層に対する評価。 例：乗り入れの複雑さが渋滞や事故を誘発している

図5-9　IAEJのパターン

　何らかの問題を解決しようとするときは、このように、I／A／Eをいったんまとめてジャッジしてから、

故に、道路を拡幅すべきである（インフラへの提言）
故に、乗り入れを制限すべきである（アクティビティへの提言）
故に、救急医療体制を強化すべきである（イベントへの提言）

のように論理構成をするケースが多いのです。そのため、**IAEJを切り分けた形で情報を整理する**ことに意味があります。

　ちなみに、**しくみ／事象／対処**の**しくみ**を分割したものがIとAであり、**事象**は

そのままEに該当します。一方、**対処**と**ジャッジ**は、まったく別種の情報です。このように、**IAEJ**は**しくみ／事象／対処**に似た面もありますが、**IAEJ**が「提言を意識してジャッジでまとめる」という、**未来を語る**文脈で使われることが多いのに対して、**しくみ／事象／対処**は「起きた出来事に対して何をやったか（対処したか）を記録する」という、**過去を語る**文脈で使われることが多いという違いがあります。

▷ カッチリ固まった手法ではないのでアレンジしよう

　ここまで、**状態／トリガー／アクシデント／損害**、**しくみ／事象／対処**、**IAEJ**という3つのパターンを紹介してきましたが、いずれにしても規格があるわけではなく、カッチリ固まった手法ではないので、必要に応じてアレンジして使いましょう。たとえば、**しくみ／事象／対処**で対処と対策を分離する他にも、**IAEJ**に対処や対策（方針）を追加するケースもよくあります。個々の問題によって適したパターンは違うので、本章の内容をそのままなぞるのではなく、どんどん改良して使ってみてください。

5-6

目的／方針のパターン

　「お腹がすいたから炒飯を食べよう」という文を細かく分解すると、次のようになります。

問題	お腹がすいた
目的	空腹を解消する
行動	炒飯を食べよう

行動には目的があることが多く、通常何かの**問題**を解消することを**目的**と設定することが多いので、**問題／目的／行動**の3項目がセットになります。しかし、日常会話ではこれをいちいち全部明示することはありません。「今はお腹がすいていることが問題なので、空腹を解消する目的を達成するために炒飯を食べる行動を提案する」……なんて会話で言うはずがないですよね。日常会話なら内容が単純なので、バッサリ省略して「お腹がへったから炒飯食べよう」で通じます。しかし、その感覚で、複雑なビジネスコミュニケーションをしようとすると破綻します。

図5-10は、ある新入社員が研修中に書いた週報の一部の**原文**とその**改善例**です。この原文は、研修中の新入社員が書く週報としてはごく普通の内容なので、特に問題を感じないかもしれませんが、実はうまく整理されていません。改善例では、原文を**目的と方針**に分けてフォーマットをそろえています。

原文をよく見ると、(1)は**目的→方針の順**、(2)は**方針→目的の順**で書かれて

【原文】研修中の新入社員の週報の一部（目的と方針が分離されていない）

■今後の進め方
(1) 実行結果と解答例が同じになるように、使用するファンクションや構文の書き方に十分に注意してコーディングを行う
(2) 複数行も書かず、かつ綺麗で見やすいプログラムの作成を心がけ、エラーの発生源を目視で発見しやすくする
(3) 課題を提出する前にタイプミスを確認したり、ファンクションの使い方をコーディングの段階で確認する

【改善例】目的と方針を分離し整理したもの

■今後の進め方
(1) 目的：解答例と同じ実行結果を得る
　　方針：使用するファンクションや構文の書き方に十分に注意してコーディングを行う
(2) 目的：エラーの発生源を目視で発見しやすくする
　　方針：コードが複数行にならないように、かつ綺麗で見やすいプログラムの作成を心がける
(3) 目的：初歩的なミスを減らす
　　方針：提出前に打ち間違えを確認したり、ファンクションの使い方をコーディングの段階で確認する

図5-10　目的／方針のパターン

おり、（3）では**目的が省略されている**など、フォーマットがそろっていないことがわかります。そろっていないと、読者はいちいちそれを解読／推測しなければならないので負担をかけてしまいます。「何のために何をする（した）」というのはビジネス報告で頻出する基本形なので、**目的／行動**のパターンとして意識しておくとよいでしょう。

　ただし、具体的な**ラベル**（短い見出し）は、場合により多少変化します。この週報の内容なら「行動」と書くのは不自然で「方針」のほうがしっくり来ますし、「施策」や「手段」「方法」が合う場合もあるでしょう。「目的」の代わりに「目標」、あるいは「問題」の代わりに「状況」が使われる場合もあります。どの場合にどれを使うかは、千差万別すぎて書ききれないので、適宜個別の文脈に応じて考えてください。ただし、千差万別と言っても「○○のために○○をする」、つまり**目的**と**方針（行動）**にあたる概念がたいていの場合はあるので、これを基本として意識しておくことがおすすめです。

> ● ● ●　まとめ ▶

≫　**結論から話す**ためには**意図**と**評価基準**が重要

≫　結論には状況把握と提案が含まれる

≫　**しくみ／事象／対処や状態／トリガー／アクシデント／存在**のパターンを駆使しよう

表現の形式、量、媒体

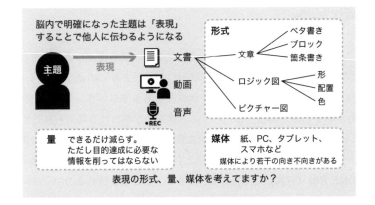

脳内で明確になった主題は「表現」することで他人に伝わるようになる

主題 → 表現 → 文書 / 動画 / 音声 ●REC

形式

文章 ── ベタ書き / ブロック / 箇条書き

ロジック図 ── 形 / 配置 / 色

ピクチャー図

量 できるだけ減らす。ただし目的達成に必要な情報を削ってはならない

媒体 紙、PC、タブレット、スマホなど
媒体により若干の向き不向きがある

表現の形式、量、媒体を考えてますか？

　「何を言いたいか」という主題が自分の脳内で明確になったら、それを相手に伝えるには「表現」しなければなりません。その表現の方法は非常に多様ですが、現実にはごく限られた方法しか使われない傾向があります。動画や音声を除いて「文書」だけを考えても、**本来図を書いたほうがわかりやすい情報**を一生懸命**文章だけで説明しようとしてうまく伝わらない**例がよくあります。書くツール（ワープロソフト等）の機能が貧弱だった時代ならそれもある程度やむを得ないですが、現代なら豊富な描画ツールが使えるのですから、もっと図を活用しましょう。文章だけで論理構造を説明しようとするのは、言わば手足を縛って泳ごうとするようなものです。そんな理不尽な苦労をする必要はありません。

　人材も、手法も適材適所が重要です。**情報は、伝えたい主題に合った形式で表現しましょう。**本書では扱いませんが、現代では動画や音声も使いやすくなっているので、本来もっと**主題に適した自由な表現**ができるはずなのです。

6

「企画提案」系文書を
整理するときのパターン

「報告書」が過去の理解をうながす文書であるのに対して、**企画書／提案書**は未来に向けた行動をうながす文書です。未来に向けた行動をうながすときは、たいてい「目標」を実現するための「施策」などを語ります。そこで、**目標／現状／施策**やPREP、FABEなど、**企画提案**をする際によく使われるパターンを知っておきましょう。

6-1 「企画提案」系文書の特徴

　本章では、何らかの**企画提案**を行う文書である、**企画書**および**提案書**について考えます。まず最も基本的な事項は、**図6-1**のような構造です。

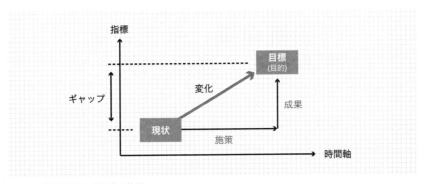

図6-1 「企画提案」系文書の特徴

　タテ軸は成果を図る指標、ヨコ軸は時間であると考えてください。**企画**とは何かの行動を提案するものであり、行動には**目標**があります。目標は現状を踏まえて設定されるものですから、現状はどこで目標はどこなのか、その間にどんな変化を起こしたいのかを明確にしなければなりません。

たとえば、ある野球選手に対してコーチがこんな提案をしたとします。

> ボールを遠くに飛ばすには筋力が必要だ。今はベンチプレスが60kgだけど、今後2か月かけて80kg上げられるようになることを目標にしよう。ついては、練習メニューに週に3回1時間ずつの筋トレを追加、それからプロテイン摂取量を1日20g増やそう。

これを**目標／現状／施策／成果**で整理すると、次のようになります。

目標 ベンチプレス80kg
現状 同60kg
施策 2か月間、週3回筋トレとプロテイン増量
成果 ベンチプレス20kgアップ

　この4項目は、どんな企画提案をするにしても基本です。ただし、具体的な項目（構成要素）の呼び方は違うことがあります。実際、「企画書の書き方」をテーマにする書籍を何冊か確認すると、一見それぞれ違うことを書いているように見えます。いくつか紹介しましょう。

　平田英二（2003）は、「企画書の必須要素」として、**図6-2**のように定義しています。この構成の場合、**現状**を「課題」、**施策**を「基本方針」、**目標**を「目標・ねらい」と呼んでいます。

企画書の必須要素

「企画を伝える」ための最低限必要な要素。

各パートの位置づけ

課題	この企画で「解決すべき課題は何か」「問題は何か」を提示するページ
基本方針	課題解決・問題解決のためにどのような方針（戦略）で臨むかを提示するページ
目標・ねらい	「どこに目標を置くか」「どのように目標を設定したか」を提示するページ

図6-2　企画書の必須要素（抜粋）

［出典］平田英二（2003）『仕事に直結する企画書の書き方』（ナツメ社、ISBN：9784816336140）、p.59「企画書の必須要素」より「各パートの位置づけ」のみ抜粋

　続いて、株式会社イノベーションが運営するWebサイト「Urumo！」のノウハウ記事では、「企画書に書くべき5つの要素」として、**図6-3**のように示しています。この方式では、現状を「**現状分析**」、**目標／施策／成果**の概要を「**企画の目的と全体像**」と呼び、**施策**の詳細を「**企画の具体的な内容**」「**スケジュール**」「**収支計画**」の3つに分解する形で構成しています。

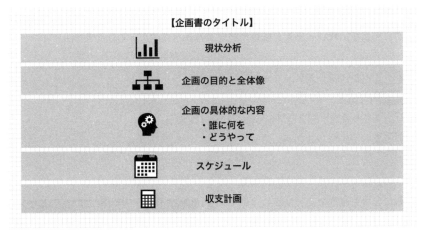

図6-3　企画書に書くべき5つの要素

［出典］Urumo！（2022.03.28）「企画書って何を書くの…？企画書に書くべき5つの要素」ノウハウ記事、https://www.innovation.co.jp/urumo/project-proposal/

　他にも**企画書**の構成法はさまざまです。状況によって重視するポイントが違うので、それを1種類にまとめきることはできません。たとえば、ビジネス企画なら**収支計画**は当然入るように思えますが、収支を金額で計りづらい企画もあるため、それすら絶対とは言えません。**スケジュール**を独立項目として重視する必要があるのは、「Aタスクが完了したらBタスク、その次にCタスク……」のようにタスクを分解して順番に実行する企画のとき、かつ、それぞれに必要な機材や人員等を事前手配しなければできない場合だけです。

　あるいは、厳密に言うと**目標**と**目的**は違いますが、区別されないことも多く、**目標**の代わりに**目的**という用語が使われることもあります。**現状**の代わりに、「今の

課題はベンチプレスが60kgしか上げられないこと」といった**課題**あるいは**問題（点）**と呼ぶ場合もあります。

　というわけで、個別の状況によって項目（構成要素）の呼び方が違う場合がありますが、それを抽象化した最も基本的な事項が**目標／現状／施策／成果**の４項目です。どこから手をつけてよいかわからない場合は、この基本に立ち返って考えるようにしてください。

▶「6W2H」の考え方も参考に

　企画書の書き方、あるいは企画の立て方の教科書によく書かれるガイドラインに、**企画を立てる際は6W2Hを明らかにせよ**というものもあります。これは、次のような6W2Hの8項目を明示する、という考え方です。

1. Who：誰が推進するのか
2. Whom：誰を対象とする企画なのか
3. What：どんな企画内容なのか
4. When：いつ実施するのか
5. Where：どこで実施するのか
6. Why：なぜこれが必要なのか
7. How：どのような方法で実施するのか
8. How much：必要な費用はどの程度か

　これもある程度役に立つので、一度はやってみるとよいでしょう。ただし、重要度は**目標／現状／施策／成果**に比べると１ランク落ちます。というのは、**6W2H**は「企画」全体の中では枝葉に当たる部分の概念であり、「幹」ではないからです。その理由は**図6-4**を見ればわかります。図の上段は「カレーを食べたいが材料がないから買いに行こう」というシンプルな１文を**目標／問題（現状）／施策**に分解したもので、これが企画の概要を表します。図の下段は**6W2H**の考え方でそれを具体化したもので、これが詳細に当たります。なお、**問題**については、単純に「な

い」だけなので詳細の情報がありません。

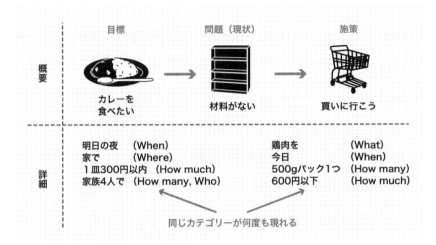

図6-4　目標／現状／施策と6W2H

　企画を考える順序は、たいてい「カレーを食べたい」という概要が先にあって、その後に「いつ、どこで」という詳細を考える、という流れになります。ということは、**概要が決まっていない段階で6W2Hを考えても、あまり意味がない**のです。さらに、**図6-4**中でもWhenやHow、Many／Muchが**目標**と**施策**の両方にあったり**現状**にはなかったり、という具合で、1つの企画の中では6W2Hが何度も出てくるのが普通です。

　結局、**目標**の話なのか**問題**の話なのかという概要レベルを明らかにしないと特定できないので、6W2Hの項目名だけを覚えておいてもあまり役に立ちません。逆に、概要レベルをハッキリさせられれば、6W2Hの情報は項目名を覚えていなくても、よく考えれば出てくることが多いものです。そのため、企画を立てるときは、6W2Hよりも**まずは概要レベルの情報をシンプルに明確にする**ように心がけてください。

▷ 目標と成果の違いは？

　目標と**成果**は、ほとんど同じになる場合があります。野球選手の例だと「成果＝ベンチプレス20kgアップ」とは、つまり「80kg」ということなので、これは**目標**と同じです。**目標**を達成するために**施策**を打つわけですから、その**成果**が**目標**と同じになるのは珍しいことではありません。

　とはいえ、差が出る場合もあります。そもそも**目標**とは**企画を実行する前に目指すもの**なのに対して、**成果**の本来の意味は**実行して得られたもの**であり、事後評価です。したがって、**成果**は**目標**を超える場合もあれば下回る場合もありますし、意図しなかった異質な**成果**が得られることもあります。たとえば、「ボールを飛ばす筋力を得る」ためにベンチプレスをやったとして、「大胸筋がついてカッコよくなった」というのは**目標**には関係ありませんが**成果**とは言えるでしょう。

　企画書を書く段階（つまり実行する前）で**目標**と**成果**を区別するケースもあります。前述のとおり、「筋トレをしたらカッコよくなった」のように**施策**には副産物的な**成果**がある場合も多く、それは**目標**ではないものの、企画を採用するかどうかという判断には影響することがあるため**期待される成果**として書くわけです。

6-2

PREPパターン

　目標／現状／施策／成果とは別に、<ruby>PREP<rt>プレップ</rt></ruby>というパターンも紹介しましょう。基本形は**図6-5**のとおりです。

要点	Point	人手不足の解消のため、リモートワーク制度を拡充すべきです。
理由	Reason	有能でもフルタイムの出勤が難しい人材の採用が有利になるからです。
証拠	Evidence	該当する人材は首都圏だけで10万人というデータもあります。
例示	Example	実際に当社と同じ業種で成功した事例もあります。
要点	Point	ですので、リモートワーク制度の導入検討を始めてもかまいませんか？

> 頭文字をつなげて **PREP**（プレップ）と呼ぶ。
> **E** は **Evidence**（証拠）または **Example**（例示）で、この例のように両方使う場合もある。

図6-5　PREPパターンの基本形

　先頭の **Point**（要点）は、**一番言いたいこと**です。この一言だけで「よしわかった、やってくれ」と承認が得られるなら残りを言う必要はないような、そんな一言を **Point** に持ってきます。そのため、**Point** には通常、「リモートワーク制度を拡充すべき」というような**行動を提案する言葉**が入ります。「採用が有利になる」や「首都圏だけで10万人」は、いずれも行動を提案していないので **Point** には入りません。

　その行動がなぜ必要なのか、効果的なのかを説明するのが **Reason**（理由）で、さらに**その根拠を語る**のが **Evidence**（証拠）または **Example**（例示）です。通常、**Reason** は定性的、**Evidence** は定量的、**Example** は個別事例の情報になりますが、必ずそうなるわけではありません。

　そして最後に、もう一度 **Point**（要点）を繰り返して締めくくります。

　この一連の流れの頭文字を集めたのが **PREP** です。広く知られている方法なので、いろいろな書籍やWebサイトで紹介されています。ただし、**E** については **Evidence**（証拠）または **Example**（例示）のどちらか片方だけ説明されている

ことが多いですが、どちらも役に立ちますし、両方を使ってもかまいません。

　Pointを最初と最後の2回言うのは、最初に「今からこの話をしますよ」と**話題を明示**し、最後に「どうしますか？　決めてください」と**判断を迫る**意味があるからです。この**判断を迫る**ことを強調する場合は、**図6-5**のように「○○してもかまいませんか？」という、OK／NGを尋ねる言い回しを使います。

　会社のマネジメントに携わる忙しい人は、「意思決定をする」のが仕事です。よって、何か話をするときは、何を決めるための話なのかをまず明示する必要があります。そのため、**Reason**や**Evidence**ではなく**Point**を先頭に置き、最後にもう一度「決めてくださいね」と念を押すわけです。

　この**PREP**パターンは、「提案」ではなく**調査報告**のような場面で使うこともあり、その場合は**Point**は提案の一歩手前の「状況把握」段階の内容になることもあります（「状況把握」と「提案」の差については**図5-3** p.112 参照）。

　また、**PREP**のPを**Assertion（主張）**に変えた**AREA法**というパターンもありますが、実質同じものと思ってかまいません。いずれにしても簡潔な報告や提案をするために役立つので、**PREP（AREA）**パターンはぜひ身につけておきましょう。

6-3

FABEパターン

　商品／サービスを売り込もうとするときは、しばしば競争相手がいます。そんなときに使える**FABE**というパターンがあり、セールストークを**特徴／優位性／利益／証拠**に分解して構成します。

　このパターンの背景には**しくみ／性能／用途**という構造があるので、まずはそれを理解しましょう。**図6-6**の左側「基本構造」にあるとおり、製品には何らかの**しくみ**があります。自動車ならエンジン、PCならCPUがその例です。その**しくみ**は、外部に対して何らかの**性能**を発揮します。エンジンなら○○馬力と表示される出力、CPUなら処理能力です。**用途**は、その性能の使い道です。自動車なら重量物の運搬、PCなら画像処理がその例です。

　ある製品を売り込もうとする際は、競争相手とどこに差があるかを考え、**しくみ**の差を**特徴**、**性能**の差を**優位性**、**用途**の段階で生まれる差を**利益**として整理します。**証拠**はこれらの差を納得させる定量的な根拠で、この4項目をまとめて**FABE**と呼びます。

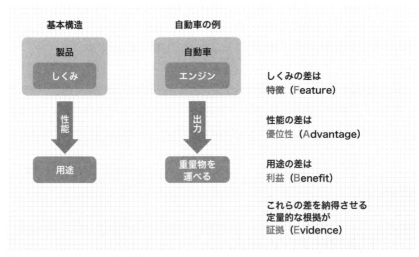

図6-6　FABEパターンの基本構造

　具体例を見てみましょう。**図6-7**は、ある軽自動車の売り文句を**FABE**構成で分解したものです。「ターボエンジン搭載」は**しくみ**の話ですから**Feature（特徴)**、「高出力が出せる」は**性能**を語っているので**Advantage（優位性)**、「重量物を載せて坂道を登れる」は**Benefit（利益)**、「そのような状況（重量物＋坂道）

で使われることが多い軽自動車改造キャンピングカーでは、ターボエンジン搭載車が4割に達する」という情報は **Evidence（証拠）** になります。

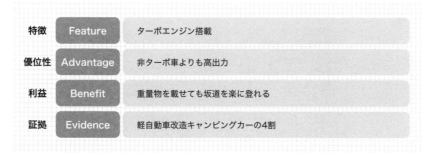

特徴	Feature	ターボエンジン搭載
優位性	Advantage	非ターボ車よりも高出力
利益	Benefit	重量物を載せても坂道を楽に登れる
証拠	Evidence	軽自動車改造キャンピングカーの4割

図6-7　ある軽自動車の売り文句のFABE構成

　この**FABE**パターンは「企画」よりもショップ店頭で見込み客の質問を受けて答えるような「セールス」の場面でよく使われますが、「プレゼンテーション」をする際も使えるため、**競争相手のいる場面で売り込む**ときには参考にしてください。

★●● まとめ

≫　企画提案の基本は**目標／現状／施策／成果**

≫　企画の概要を決めた後、詳細化するときは**6W2H**が役に立つ

≫　人に話をするときは**PREP**の構成で組み立てる

長文はパラグラフ（段落）に分解せよ

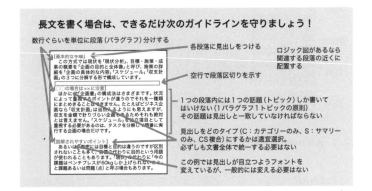

長文を書く場合は、できるだけ次のガイドラインを守りましょう！

数行ぐらいを単位に段落（パラグラフ）分けする

各段落に見出しをつける

ロジック図があるなら
関連する段落の近くに
配置する

【基本的な字間】
　この方式では現状を「現状分析」、目標・施策・成果の概要を「企画の目的と全体像」と呼び、施策の詳細を「企画の具体的な内容」「スケジュール」「収支計画」の3つに分解する形で構成しています。

空行で段落区切りを示す

【○○の場合は××に注意】
　ほかにも「企画書」の構成方法はさまざまです。状況によって重視するポイントが違うのでそれを一種類にまとめきることはできません。たとえばビジネス企画なら「収支計画」は当然カギようにも思えますが、収支を金額で計りづらい企画もあるためそれも絶対とは言えません。「スケジュール」を独立項目として重視する必要があるのは、タスクを分解し順番に実行する企画の場合だけです。

1つの段落内には1つの話題（トピック）しか書いてはいけない（1パラグラフ1トピックの原則）
その話題は見出しと一致していなければならない

【誤解されやすいポイント】
　あるいは目標には目標と目的が違うのですが区別されないことも多く、目標の代わりに目的という用語が使われることもあります。「現状」の代わりに「今の課題」はベンチプレスが60kg以上上げられないこと」と課題あるいは問題（点）と呼ぶ場合もあります。

見出しをどのタイプ（C：カテゴリーのみ、S：サマリーのみ、CS複合）にするかは適宜選択。
必ずしも文書全体で統一する必要はない

この例では見出しが目立つようフォントを変えているが、一般的には変える必要はない

　長文を書く場合は、話題のまとまりごとに段落分けをしましょう。「段落」のことを英語で**パラグラフ**と言い、パラグラフを単位に文章を書くことを**パラグラフライティング**と言います。**パラグラフライティング**は、学術論文を書く際の基本のスタイルなので、大学等で学んだことのある方もいるでしょう。学術論文に限らず、ビジネスレポートでも、これが基本であり、特に外資系企業では徹底されていますが、日本企業ではあまり守られていません（そのため、純日本企業から外資へ転職すると困る例が多いようです）。

　パラグラフは行数／文字数ではなく**話題のまとまり**ごとに分割するので、理論上は1パラグラフがたった1行でもよく、逆に100行を超えることもありえますが、そうは言っても長すぎるのは理解しづらいので、実務的には**数行単位で区切る**のが妥当です。なお、「見出し」を独立させずに通常の文としてパラグラフ先頭に含める書き方もあります。その場合、その先頭の文を**トピックセンテンス**（話題の要約を示す文）と言います。しかし、本書では見出しをハッキリ区別する方式を推奨します。

「教育」系文書を
整理するときのパターン

新入社員教育に限らず、業務マニュアルや取扱説明書など、広義の**教育**に使われる文書も人材育成の観点で重要です。**条件／指示／理由**、Case-Measure、**事実／解釈／方針／影響**といった「教育」系文書でよく使われるパターンを知っておきましょう。

「教育」系文書に多い 「条件＋指示」パターン

「新入社員に対して仕事の進め方を教える」「オペレータに新システムの操作手順を教える」「開発チーム内に新しい技術を導入する」など、仕事をするうえで**教育**しなければいけない場面は多くあります。当然、そこには教育用の文書（以下、「教育」系文書）があるはずです。その名前は「手順書」「説明書」「マニュアル」「規則」、あるいは「技術解説」とも呼ばれる場合もあって千差万別ですが、それら「教育」系文書には共通して**指示**が含まれています。

- 出勤／退勤の際は出退勤管理ソフトで打刻を行う（就業規則）
- 重要な通信経路は冗長化する（設計基準）
- インシデントの兆候を検知した場合はインシデント対応プロセスを開始する（業務マニュアル）

これらが**指示**を含む文言の例です。おおむね、「どんな場合に（条件）」「どうする（指示）」のように**条件＋指示**をセットで書きます。**条件**にもいくつかの種類があり、

- フライパンが温まったら肉を加えて炒める（開始条件）
- タマネギが飴色になるまで炒める（完了条件）
- 焦がさないように低温で炒める（指示修飾）

というのがその例です。**開始条件／完了条件**は、それぞれの動作を開始または完了させるタイミングを示すもので、**指示修飾**は動作そのもののレベルを調整する役割があります。第3章の図3-8 p.65 で示した料理のレシピ（パラレル型構造の例）では、完了条件を独立項目として切り分けていたように、**指示**と**条件**は分離して書くほうが扱いやすい場合が多いです。

指示／理由のパターン

指示には、**条件**の他に**理由**が付加される場合もあります。**図7-1**は、ある会社の情報システム部門から全社員宛てに送られた**指示**のメールです。このメールは受け取った社員から「いったい何をしてほしいのかわからん！　イライラする！」と大変不評でした。というのは、本文の前半はずっと**理由**が書かれていて、半分以上過ぎてからやっと**指示**が出てくるため、「要するに何をすればよいのかを探すのが大変」なんですね。

ある会社の情報システム部門から全社員宛に送られたメール。
指示（色字部分）と理由（黒字部分）が混在しており、わかりにくい

件名　PC シャットダウンについて

本文　PC のシャットダウンについて、退動前のチェック処理を開始してから、シャットダウンせずに帰宅してしまうというミスをする人がいるようです。特に、Windows アップデートがある場合や、他のアプリケーションが起動中と出た場合など、シャットダウンに時間がかかったり自動で進まない場合もあります。誰も使わない PC が起動しているのはセキュリティ上も好ましくありませんので、帰宅前には確実に PC をシャットダウンしてください。少なくとも、「シャットダウンを開始します」という画面表示が出るまで確認をしてから退動していただければと思います。また、設定によりますが、ノート PC の場合はカバーを閉めるとそこで処理が中断して、電源が入ったままシャットダウン前で止まってしまうことがありますので注意してください。

図7-1　指示と理由を混在させてはいけない

実はこのように「**指示**の前に**理由**を長々と書いてある」依頼文はよく見かけます。これは受信者をイライラさせますし、指示が見落とされてしまう可能性も高く

なります。この例のように技術的な理由を含む内容は、「理由が長くなりがち」な傾向があるため、特に問題です。**指示と理由は、分けて書くようにしましょう。**言われたとおりのことをさっさとやって早く帰りたい人にとっては、そのほうがずっと楽です。

　理由を長々と先に書いてしまうのは、「どうしてこんな面倒なことをやらなきゃいけないのか」という反発に対して、「こういう理由があるから、仕方がないんですよ」と予防線を張りたいからではないでしょうか？　実はそれはそれで一理あります。人間は「理由もなく指示されることを嫌う」生き物です。ロバート・B・チャルディーニ『影響力の武器』（2014）という本の中に、こんな事例が紹介されています。

コピー機の前に並んでいる人に、順番を飛ばして先にコピーをとらせてもらえないか？　という依頼をする。次の3種類の言い方のうち、OKしてもらえる確率が高いのはどれか？

①「すみません。5枚だけなんですが、先にコピーをとらせてくれませんか？」とお願いする。（理由なし）

②「すみません。5枚だけなんですが、先にコピーをとらせてくれませんか？ **急いでいるので**」とお願いする。（理由あり）

③「すみません。5枚だけなんですが、先にコピーをとらせてくれませんか？ **コピーをとらなければならないので**」とお願いする。（理由あり）

この実験をした結果、成功率は①が60％だったのに対して②と③は約94％だった。

[出典] ロバート・B・チャルディーニ（2003）『影響力の武器 [第三版]』（誠信書房、ISBN：9784414304220）

　順番を飛ばしてほしい理由を説明したほうが、相手が依頼を聞いてくれる率が高いわけです。別の例を挙げると、たとえば、街中で突然知らない人から「200円貸してください」と言われても、ほとんどの人は断るでしょうが、もし「家に帰りたいのにお金がないんです。電車賃に200円貸してください」と理由がついていたら、それを疑わずに貸してくれる人はそれなりの数いるでしょう。**理由を語る**ことには、そんな効果があります。

　しかも、③をよく見ると「コピーをとらなければならないので」とありますが、これはコピー機に並んでいる全員が同じはずなので、実質的に意味がありません。それでも「急いでいるので」と同程度の成功率だったのは、この種のちょっとした依頼ごとについては「理由の内容を気にする人はほとんどいない」ことを意味しています。要は、**理由を説明して了解を得ようという、相手をリスペクトする姿勢さえあればよい**のです。

　そのため、**理由を書く**ことには意味がありますが、**理由と指示を混ぜて書いてはいけません**。図7-1の指示と理由を分離して、「指示部分のみを手順書化」すると図7-2のようになります。

指示部分のみを手順書化した例　（理由はこの後か前に分離する）

【指示】　帰宅前には確実にPCをシャットダウンしてください。
手順は以下の通りです
↓
手順1：シャットダウンの操作をします
手順2：「シャットダウンを開始します」という画面表示が出るのを確認
　　　　（デスクトップPCの場合はここで退勤可）
手順3：ノートPCの場合は以下のいずれかで対応してください。
　　①　完全に電源が落ちるのを待ってからカバーを閉めて帰る
　　②　シャットダウン開始表示が出たら、カバーを閉めずに帰る

図7-2　指示部分のみを手順書化した例

　理由は、この後か前にまとめて書くようにします。**指示**部分は「やってほしいことを読者が短時間で明瞭に理解できる」ことが重要なので、まわりくどい言い回しをせず、短い文で書くことが重要です。相手の気持ちや事情への心遣いを礼儀正しい表現で示そうとすると、どうしてもまわりくどくなるので、**指示**のパートではその種の気配りはせずシンプルに言い切ります。

　理由を説明しようとしたときに、**図7-2**中の手順それぞれに違う理由がつく場合があります。その対応関係を明示するためには、**ラベル**（短い見出し）が必要です。この場合は「手順1」のような番号がラベルに使えるので、「手順1が必要な理由は〜」のように書けば、理由を分離してまとめて書いても、どの部分を説明しているのかを明示できます。内容によっては、**指示**が手順ではなく、場合分け（次節で解説）になることもあり、必ず「手順X」というラベルが使えるわけではありません。使えないときは、適宜、別のラベルをつけましょう。いずれにしても、**長い情報は小分けにしてラベルをつける**ことを心がけてください。

7-2

Case-Measureパターン

　本章の冒頭に、「教育」系文書では**「条件＋指示」**のパターンが多い、という話をしましたが、次の文はどんなパターンでしょうか？

> 1. OK応答があった場合は正常であると判断します。
> 2. 外気温が30℃を超える環境での野外作業は危険である。
> 3. 重量超過の場合は出荷停止として処置されます。

　いずれの文でも**条件**はありますが、「○○せよ」という行動指示はありません。つまり、**条件**があっても**指示**が続くとは限りません。そこでこのような**「条件＋○**

〇」のパターンを総称して**Case-Measure**と呼んでいます（**図7-3**）。

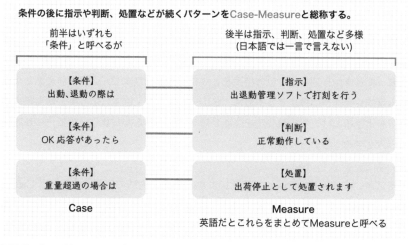

図7-3　Case-Measureのパターン

　Caseは**条件**を意味します。**Measure**はもともと「測定」を表す単語ですが、「評価／判断、処置、方法」といった意味で使われることもあります。

measure the success of the campaign　→　その作戦の成果を判断する
take emergency measures　　　　　　　→　緊急処置をとる

　つまり、**Measure**は、**判断や行動を含む広い意味**を表します。**「条件＋指示」**も、**Case-Measure**の一種であると考えてください。

▶ CaseとMeasure、どちらが重要？

　「教育」の典型的な場面と言えば、複数の受講者を集めて講師が話をする、いわゆる座学教育、集合教育です。学校の授業ではおなじみですし、社会人の企業内教育（研修）でもよく使われます。講師は業務に役立つことを話してくれますが、受

講者がそれを現場で思い出せなければ意味がありません。実際に役立つタイミングは講習を受けてから数年後ということもありえるので、「教育」系文書でも**思い出しやすい伝え方をする**ことが特に重要です。

例として、**図7-4**に載せた救急蘇生法ガイドラインの一部を考えてみましょう。人間の脳は血が止まると3分程度で致命的なダメージを負ってしまうため、心臓が止まったときは一刻も早く救命措置をとらなければなりません。目の前で誰かが突然の事故や発作で心停止する事態は、誰にでも起こりえます。よって、命を救える確率を上げるには、救急蘇生法を誰もが知っていることが望ましいので、これは一般の人も学ぶべきテーマです。

そこで、**Case-Measure**で整理します。救急蘇生法の最初の3箇条を**Case-Measure**に分けたものが、**図7-4**の下段です。**Case**と**Measure**に分解した箱の上に付した短い言葉は、それぞれを代表するキーワードです。なお、「心拍確認」は「反応確認」でもよいですが、より本質に近いキーワードを考えると「心拍確認」のほうが適切です（もし心臓が止まっていたら対処は1分1秒を争うので）。もちろん、救急蘇生法の内容を全部覚えていればベストですが、人間は忘れる生き物です。ひょっとしたら明日かもしれないし3年後かもしれない「そのとき」に、受講者が救命講習の内容を思い出せるようにするためには、**重要なキーワードを厳選して、それを何度も繰り返し強調して伝える**べきです。あなたは、**Case**と**Measure**のどちらから、その「強調するキーワード」を選びますか？

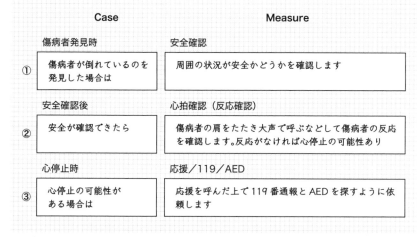

【救急蘇生法指針の一部(原文)】

① 傷病者が倒れているのを発見した場合は、まず周囲の状況が安全かどうかを
確認します

②安全が確認できたら、傷病者の肩をたたき大声で呼ぶなどして傷病者の反応
を確認します。反応がなければ心停止の可能性があります

③心停止の可能性がある場合は応援を呼んだ上で 119 番通報と AED を探す
ように依頼します。

	Case	Measure
①	**傷病者発見時** 傷病者が倒れているのを発見した場合は	**安全確認** 周囲の状況が安全かどうかを確認します
②	**安全確認後** 安全が確認できたら	**心拍確認（反応確認）** 傷病者の肩をたたき大声で呼ぶなどして傷病者の反応を確認します。反応がなければ心停止の可能性あり
③	**心停止時** 心停止の可能性がある場合は	**応援／119／AED** 応援を呼んだ上で 119 番通報と AED を探すように依頼します

図7-4　救急蘇生法指針をCase-Measureで考える

「強調するキーワード」は、集合教育の場面で「これだけは覚えておいてくださ
い」と何度も言うだけでなく、受講者にも暗唱させるようなワードです。強調する
キーワードがあまり多いと覚えられないので、役に立つキーワードを厳選する必要
があります。１年後か３年後かわかりませんが、実際に目の前で人が倒れたとき
に、講習の内容を忘れていたとしても、これだけは思い出してほしい、役に立つ
キーワードはどれでしょうか？

　まず**Case**のキーワードだけを列挙してみると、「傷病者発見時」「安全確認後」「心停止時」……これでは何をすればよいかわかりませんね。「心停止時にどうしたらよいのか、それが肝心なんだよ！」と言いたくなりませんか？

　それに対して、**Measure**のほうは、「安全確認」「心拍確認」「応援／119／AED」……これなら何をすればよいかわかりますね。したがって、この場合は**Measure**キーワードのほうを重視すべきです。

　ちなみに、私が実施している情報整理術研修で、この問題を出題すると、解答は**Case**と**Measure**で半々ぐらいに分かれるため、正答率が高いとは言えません。おそらく、「キーワード以外全部忘れてしまっている」ことを想定して、「それでも役に立つキーワードを探す」ことに慣れていない人が多いのではないかと考えられます。これができないままで教育用テキストを作ると、「必要なことは書いてあるのに受講者が現場で活かせない」テキストになるので、ご注意ください。

　なお、この問題では、**Measure**のキーワードが正解でしたが、いつもそうなるわけではありません。今回の「安全確認」「心拍確認」「応援／119／AED」は、いずれも、

> ・やったことで害が出る可能性はほぼゼロ
> ・やらなかった場合は有害な結果（死亡など）を招く可能性が高い

なので、**Case**を無視して**Measure**だけ伝える作戦が成り立ちます。しかし、この条件が当てはまらず、**Measure**に重大な副作用がありうる操作が含まれているなら、**Case**を強調する必要があります。

事実／解釈／方針／影響のパターン

　次は、**図7-5**のような**事実／解釈／方針／影響**のパターンを考えてみましょう。ある野外作業の現場監督からの報告を図にまとめたものです。A〜Dまで4項目の情報があり、それぞれ**事実／解釈／方針／影響**というラベルをつけています。

ある野外作業の現場監督からの報告

A	事実	現在の気温は35℃です
B	解釈	野外活動には適していません
C	方針	屋外施設点検は延期します
D	影響	安全性が向上します 点検経費が10万円増えます

図7-5　事実／解釈／方針／影響

　このパターンは、ある**事実**に対する**解釈**（意味）を踏まえて**方針**（行動）を決め、それによる**影響**を考察する、というものです。そう考えると、どんな仕事でもよく使われるパターンであることがわかります。なお、**解釈**は「意味」や「評価」と呼んだほうがしっくりくる場合もあるので、用語は適宜その場に合ったものを選択してください。

　なお、このようなケースが多発すると、「マニュアル」が作られるようになります。「こういうときはこうしろ」という、よくある判断のパターンをマニュアルとして明文化するわけです。それ自体はよいことですが、マニュアル化する際に**解釈**

を省略してしまうことがあります。こんなイメージです。

> **注意事項** 気温が30℃を超える場合、野外活動を行ってはならない

事実と**方針**だけが書かれているのがわかりますね。業務マニュアルや手順書にはこういった記述がありがちですが、解釈を省略するとそのマニュアルで教育された人は思考が硬直化しがちで、自分で考えて行動できるように育ちにくいことに注意が必要です。

気温は温度計を見れば誰でも同じ結果を得られるように、**事実**は基本的に誰がいつ見ても同じです。それに対して**解釈**は人によって判断が分かれることがあり、それを掘り下げていくと、その**方針**をとらなければならない理由の理解が深まります。

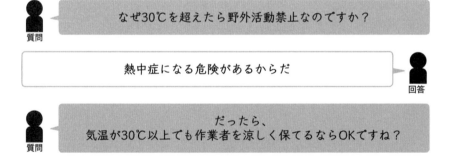

質問　なぜ30℃を超えたら野外活動禁止なのですか？

熱中症になる危険があるからだ　回答

質問　だったら、
気温が30℃以上でも作業者を涼しく保てるならOKですね？

たとえば、昔は存在しなかった換気ファン付きの作業服が近年売られていて、冷房の効かない場所でも涼しく作業できる、と人気になっています。このように、ちょっとした環境の変化で「昔の前提で考えた制約」を解除できる場合があります。これが技術開発やノウハウ蓄積と言われるものですが、それは**解釈**を明示しないとわかりません。というのは、たとえば、野外活動禁止の理由が、

質問

なぜ30℃を超えたら野外活動禁止なのですか？

使用する薬剤の性能が落ちるからだ

回答

というものであれば当然、換気ファン付き作業服があっても解決しないので、別の方法を考える必要があるからです。

　したがって、創意工夫、イノベーションを起こすためには、**解釈を省略できません**。ところが**解釈**の部分は、属人的判断があったり言語化するのが難しい場合が多いため、**事実**だけで判断できそうな場合は省略されがちです。単に言われたことだけをやる単純オペレータを養成するならそれでもかまいませんが、問題を理解し自律的に判断できるITエンジニアを養成したいならそれでは不十分です。このように、**解釈の部分こそが最も重要**なので、**省略しないように注意**しましょう。

　以上、「教育」系文書では、これらのパターンで文書を構成できる場合が多いので参考にしてください。

●●●　まとめ

≫ 「教育」系文書は「手順書」「説明書」「マニュアル」「規則」「技術解説」とも呼ばれることがある

≫ 条件／指示／理由を区別して記述する

≫ 「事実が持つ意味を解釈して方針を決める」という文脈での解釈の部分を安易に省略しないように注意する

構造化の出発点は「分類」である

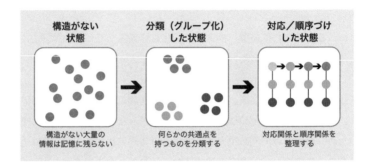

構造がない 状態	分類（グループ化） した状態	対応／順序づけ した状態
構造がない大量の 情報は記憶に残らない	何らかの共通点を 持つものを分類する	対応関係と順序関係を 整理する

　「複雑で大量な情報は、何が何でも構造化しなさい」と、私はことあるごとに言っています。ここで言う**構造化**は、たいてい、**情報を分類する（グループ化する）**ことから始まります。上図の左側「大量の情報が乱雑に置かれている状態」では、記憶に残りません。たいていの文章はそんな状態です。そこから何らかの共通点を持つものを見つけだして分類します。「共通点」と言っても、たとえば「高校生」を分類するときは、「男子／女子」で分ける場合もあれば、「学年」で分ける場合、「都道府県」で分ける場合もあるなど、**分類基準は複数ある**のが普通です。そのためのどの分類基準を使うか悩むことが多く、簡単ではありません。

　それでも、ある程度分類すると情報に「対応関係」や「順序関係」があることがわかってきて、それを整理していくと、たとえば上図の右側のような形になり、ここまでくれば**構造**が見えます。順序づけはたいてい1つのグループに属する要素間の順番ですし、対応関係は複数のグループの間の関係なので、順序や対応を考えるためにも、まずは**分類**しなければいけません。それが、**構造化の出発点は「分類」である**という意味です。

「問題解決」に役立つ
情報整理の考え方

現代社会では「マニュアルどおりに同じ作業を繰り返す」工場労働的な仕事は少なくなり、「うまくいかない問題を見つけて解決する」という仕事の比率が日に日に増えています。そんな問題解決の場面で役立つ情報整理の方法を知っておきましょう。

8-1

問題解決のプロセスを考えよう

仕事を**定型業務**と**非定型業務**に分けましょう。

> **定型業務** 同じ作業を反復して行うような仕事。「弁当を100個作ってください」というような仕事が典型的で、やり方を決めてそのとおりに遂行することが求められる。
>
> **非定型業務** 毎回内容が違う仕事。「製品の不良品率を改善してください」や「○○画面の操作性を改善してください」といったものが典型的で、具体的に何をするかはその都度違う。

こう考えると、現代では**定型業務**はどんどん機械化/IT化されて人手を要しないようになりつつあり、人間のする仕事は**非定型業務**の比重が増えています。非定型業務は「不良品が多い」「操作性が悪い」といった**問題**を解決する仕事なので、「問題解決系業務」とも呼べるでしょう。**問題解決**には、細部は毎回違っていても、抽象化すると一定のプロセスがあります。それが**図8-1**の流れです。

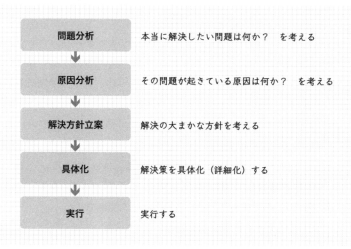

図8-1 問題解決のプロセス

たとえば、次のような問題があったとしましょう。

> **IT人材不足で困っていて、募集しても応募がありません。どうしたら応募を集められるのでしょうか？**

　これだけだと「応募が少ない」ことが問題のように見えます。しかし、実は「採用できてもすぐに辞められてしまう。だからIT人材不足が続いている」のだとしたら？　その場合、問題の本質は「定着率の悪さ」であって、「応募の少なさ」ではありません。ここで、「応募を集めるために求人広告費を増やしましょう」などという手を打っても、ピント外れな結果しか生みません。このように、表面に見える問題の裏に本当の問題が隠れていることを、当事者でさえ自覚していないことがよくあります。その罠を避けて**本当の問題を見極める**のが**問題分析**です。

　続いての**原因分析**は、文字通り**原因を考える**ことです。原因がわかれば、その解決策を考えることができるので、**解決方針立案**→**具体化**→**実行**へと進むことができます。この**問題解決**プロセスの中でよく出てくる情報整理の考え方がいくつかあるので知っておきましょう。

▷ 静的構造と動的構造を区別する

　原因分析は**問題解決**の核となる部分ですが、決まったやり方があるわけではありません。たとえば、ソフトウェアのバグなら「境界値」「変数名や関数名のtypo」「スコープのずれ」「呼び出しタイミングのずれ」、サーバのレスポンスなら「CPU、メモリ、回線帯域、レイテンシー」など、分野によって特有の「よくあるチェックポイント」はありますが、それらは各分野固有のものです。そのため、一般論として「どの分野にも共通する原因分析の方法」はないものの、1つだけ知っておきたいのが**静的構造と動的構造を区別する**という視点です（なお、この2つの構造はUML手法の「静的構造図」という用語とは無関係です）。

ケース1

問い　ある道路が頻繁に渋滞を起こしています。渋滞が起こる原因を調べるために、何が必要ですか？

答え　その道路、および周辺の接続する道路が書かれている道路地図、および各地の交通量の実測データ

ケース2

問い　ある電子回路が誤動作を起こしているようです。原因を調べるために、何が必要ですか？

答え　回路図、およびその回路の各ポイントでの信号の実測データ

ケース3

問い　あるソフトウェアにバグがあるようです。原因を調べるために、何が必要ですか？

答え　設計書、ソースコード、および投入されるデータ、ログ等

　この3例には、共通する特徴があります。それは、いずれも何らかの**システム**のもとで問題が発生しており、システムの状態は**静的構造**と**動的構造**に分けられるということです（**図8-2**）。

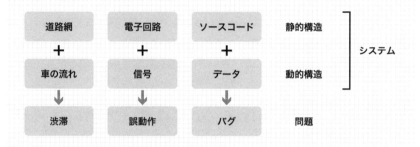

図8-2　システムの状態は静的構造と動的構造に分けられる

　たとえば、道路の形は昨日と今日で急に変わったりしないため、基本的に**変化しない静的**なものですが、その上を走る車の流れは秒単位で**変わる動的**なものです。ソフトウェアのソースコードと、それによって処理されるデータの間にも、同様に**静的－動的**の関係があります。

　問題を解決しようとするときには、静的構造に関する情報と動的構造に関する情報の両方が必要です。片方だけあっても意味がありません。ところが、静的構造の部分は注目されないことが多いため、注意が必要です。

> **事故報告**　○○交差点で乗用車どうしの衝突事故が起きた
> **バグ報告**　注文番号19472で商品画像が表示されていなかった

　このような個別の問題を報告する文書では特にありがちですが、「乗用車どうしの衝突」や「注文番号19472」といった、問題ごとに違う動的構造部分は書かれていても、「その交差点周辺の道路構造」「商品と注文のデータ構造」といった静的構造は書かれない（説明されない）のが普通です。

　それ自体は当然のことで、静的構造は、なにしろ**静的**なので、変化しないのが普通です。事故が100件起きたとして、その全部で「周辺の道路構造」を説明していたら、同じ情報を100回書くことになり、無駄が多すぎるので個別の報告書では書きません。

　しかし、起きた事件1つ1つの後処理をするだけならそれでよくても、「事故自体が起きないように根本解決を図る」という場面では、静的構造を把握しなければなりません。ところが、静的構造についてはふだん書かないので、いざというときにも「それを考えなければならない」ということ自体に気づかない場合があります。

▷ 人間は「いつもと同じもの」には意識が向かないもの

　ふだん自分が吸っている「空気」を意識することがないように、人間は「いつも当たり前に存在する、変化しないもの」については意識が向きません。たとえば、岡山県では道路脇の用水路へ転落する事故が他県に比べて異常に多いですが、それは「岡山県では用水路に転落防止の柵がない（これがこの話の場合の静的構造）」という、他県と違う状態に原因がありました。しかし、他県から移住や訪問した人間がこれに気づいて指摘しても、当の岡山県では「用水路には柵がないのが昔から当たり前」になってしまっているため、真剣に受け止められず、なかなか改善されなかったという経緯があります（2010年代半ば以後は改善されつつあります）。

　また、私が企業の情報システム部に在籍していたときも、システムトラブルが起きると、そのトラブル特有の動的構造部分（個別のデータや画面など）を調べるだけで、静的構造の把握が軽視される傾向がありました。それではトラブルの発生自体を減らすような根本解決には至らないことが多いので、静的構造を意識的に考えるようにしてください。

8-2

目的／目標／方針／施策を区別する

　目的と**目標**は、似ているけれども少し違う意味を持っています。これを区別して使うほうがコミュニケーションギャップは少なくなるため、その違いを押さえてお

きましょう（図8-3）。

目的	交通事故死を減らす	それはぜひ実現したいね、と誰もが共通認識を持てるものが「目的」
問題	正面衝突時の頭部打撲が致命傷となる例が多い	目的の実現を妨げている要因が「問題」（あるいは「障害」）。通常、一つの目的に対して「問題」は複数ある
目標	正面衝突時の頭部打撲による死者を半減させる	なんらかの指標について到達点を示したものが「目標」。「問題」を特定したうえで「目標」を設定する場合が多い
方針	エアバッグ装備率を向上させる	目標達成のために手を打てる解決策の方向を示すのが「方針」。通常、複数の候補の中から1つを選ぶ
施策	エアバッグ装備車に1台あたり20万円の補助金を出す	「方針」をより具体化した、自分の意志で実行可能な行動のこと

図8-3　目的／問題／目標／方針／施策

　目的は、「それは良いことだ、ぜひ実現したいね」と誰もが（少なくとも、チーム内では）共通認識を持てるような何かです。誰かが「交通事故死を減らす」という目的を掲げたとして、「それは悪いことだ」とは誰も思わないでしょう。目的は、基本的に**それは良いこと、価値あること**と感じられるものです。

　一方、**目標**は、「正面衝突時の頭部打撲による死者を半減させる」といったものが該当します。抽象的な**目的**に対して**目標**は具体的であり、「半減させる」のように定量的な基準を示すのが普通です。そして通常、目標設定の前に**問題**を特定します。「そもそも交通事故死ってどんなふうに起こるの？」と調べてみたところ、「正面衝突時の頭部打撲が致命傷となる例が多い」とわかったとします。これが**問題**です。であれば、その問題を解決すれば目的の実現に役立ちます。こうして問題を特定すれば、実際にその種類の死者が何人いるかといった統計量も把握できるようになり、それを「半減させる」といった目標を設定できるようになります。通常、**目的**に対しては、それを妨げている**問題**が複数あるのが普通で、問題が違えば**目標**も違ってきます（図8-4）。

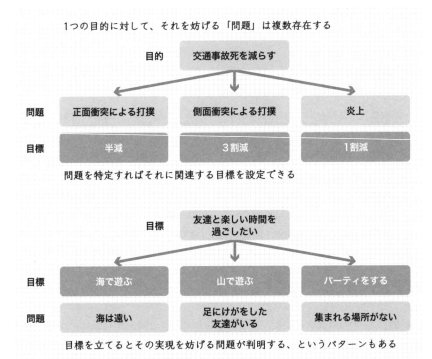

1つの目的に対して、それを妨げる「問題」は複数存在する

図8-4　1つの目的に複数の問題／目標が関連づく

　一方、**目標**を立てると、その実現を妨げる**問題**が判明する、というパターンもあります。「友達と楽しい時間を過ごしたい」というような目的の場合、この目的自体に対してというよりは、「海に行って遊ぼう」「山に行って遊ぼう」といった具体的な**目標**を立てたときに初めて「足にけがをした友達がいるから山は楽しめないだろう」といった**問題**がわかるわけです。抽象論を語っている間は誰も反対しないのに、具体化すると反対者が出て前に進まない、という、いわゆる「総論賛成、各論反対」という現象があるのは、これが理由です。

　とはいえ、**目的**が共通であれば、まだ合意はとりやすいです。たとえば、友達どうしであれば、「みんなで楽しくやりたいからさ、別に山にこだわる必要ないじゃん？　海に行こうぜ、海！」と言えば、受け入れられる見込みは大きいでしょう。

これは**目的が共通であることを確認したうえで代案を出す**という方法で、自分の提案を通すために効果的な「モノの言い方」として知られています。

とはいえ、この方法が通用するのは「仲間」に対してだけのようにも見えます。敵対的な相手、あるいはそこまでではなくても親密度が高くない関係の場合は、「みんなで楽しくやりたいじゃん？」と言っても、「いや、あんたたち仲間じゃないし……」と返されるのがオチでしょう。しかし、この方法では実は**目的が共通であることさえ確認できればよい**ので、言い方を間違えなければ敵との間でも合意を築くことができます。たとえば、海賊と人質が乗っている海賊船が航海中、暴風雨で船の壁に穴が開き、沈没しかかっているならば、

海賊

> この穴をふさげなかったらみんな死んでしまう！
> 頼む、手を貸してくれ！

> ……しょうがねえな、やってやるよ

人質

といった形で、当面の危機が去るまでの間はとりあえずの合意をとることができるでしょう。もっとも、人の感情はしばしば不合理な選択をします。感情的にこじれた相手に対しては「死んでもお前に協力なんかするか！」と、自分も損をするような共倒れの選択をする場合もあるため、注意してください。

いずれにしても、**目的／目標／問題**を区別しておくと、組織を動かす提案を通すための話の組み立てを考えやすいので、意識的に使えるようにしておくとよいでしょう。

▶ 目標を立てると方針と施策を決められる

図8-3 p.163 の**目的／問題／目標／方針／施策**の例に話を戻しましょう。「正面衝突時の頭部打撲による死者を半減させる」という**目標**を立てたとして、どうすれ

ばそれを実現できるでしょうか？　そこで、次に出てくるのが**方針**と**施策**です。た
とえば、「エアバッグ装備率を向上させる」という**方針**は、そのために役に立つで
しょう。そこで「エアバッグ装備車に1台当たり20万円の補助金を出す」といった
施策をとれれば、実際に装備率は向上するでしょう。これらが**方針**と**施策**です。

　施策は、**その権限や資源を持った人間が決めれば実行できる方法**のことを言いま
す。たとえば、国が「車にはエアバッグを装備しましょう」とキャンペーンを張っ
たところで、それが実現するかどうかは車を買う個々のオーナー次第であり、国が
「実行」できるものではありません。それに対して、「補助金を出す」権限は国や自
治体が持っているので、「出す」と決めれば実行できます。こういったものが**施策**
です。**目的**は、**施策**まで降りてきて初めて実現する可能性が出てきます。**方針**まで
の段階では、すべて「絵に描いた餅、机上の議論」でしかありません。実行可能な
施策を立てて、さらにそれを「実行する」ところまで管理して初めて**価値ある目的**
が実現できます。組織としてそれを意識共有し実行するためには、**目的**から**施策**ま
での階層を意識して切り分けて議論をするように習慣づけましょう。

8-3

戦略と戦術を区別する

　相手が顧客であれ上司であれ、何かを提案するときは、その案を採用すべき理由
を説明する必要があります。**戦略**と**戦術**は、その理由説明の場面で使われることが
多い用語ですが、どんな違いがあるのでしょうか？

　仕事を進めていくときには、**図8-5**に示したように、1つの選択がその後のす
べてに大きく影響するようなポイントがあります。このような場面で**決定**するのが
戦略であり、その決定を受けてその後、具体的な作業として**遂行**するのが**戦術**です。

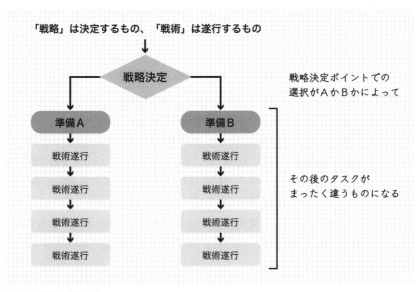

「戦略」は決定するもの、「戦術」は遂行するもの

戦略決定

戦略決定ポイントでの
選択がAかBかによって

準備A　　準備B

戦術遂行　　戦術遂行

戦術遂行　　戦術遂行

その後のタスクが
まったく違うものになる

戦術遂行　　戦術遂行

戦術遂行　　戦術遂行

図8-5　戦略と戦術の違い

　これだけでは説明が抽象的すぎるので、少し具体的なイメージの湧く話をしましょう。たとえば、あなたが飛行機も自動車もない戦国時代に琵琶湖の西側に住んでいて、対岸の東側にある城に行きたい、と考えたとします。この場合、船で琵琶湖を渡る（水路）か、歩いて琵琶湖を迂回する（陸路）か、おおまかに2つの方法があります。このどちらでいくかを決定するのが**戦略**です。

　陸路と水路では、必要な準備も実行の手順も違います。水路を行くなら、船を用意してこいだり帆走したりする技術を身につけなければいけません。陸路を行くなら、船も技術も不要ですが、時間がかかるので食料は多めに必要ですし、戦国時代だと途中で山賊に襲われるかもしれないので武装する必要もあります。

　そうした「準備」を終えて実際に出発したら、その後は「ひたすら船をこぐ」あるいは「ひたすら歩く」ことになります。これが**戦術**の部分であり、同じ作業を何度も繰り返し**遂行**します。逆に、**戦略決定**は何度も行うものではありません。一度水路か陸路かを選んだらそれで終わりであり、二度三度と選ぶことはありません。

▷ 現場から遠い人間は 「戦略決定」の重みを知らないことがある

　水路を選んで船を用意した後で、「やっぱりやめた、陸路にしよう」と考えを変えると、その船はまったくの無駄になります。つまり、途中で戦略を変えると、莫大な資源（予算）の浪費が起きるので、**戦略決定**はその覚悟を持って行うべきものであり、思いつきやその場の気分でフラフラ決めてよいものではありません。しかし、現場から遠い人間は、往々にしてこの「重み」を知らず、矛盾する指示を気まぐれに乱発して戦略を混乱させることがあります。とっくの昔に合意した仕様を、納期間際にひっくり返すクライアントに遭遇したことはありませんか？　このような事態を防ぐために、責任者に**戦略決定**を求める場合は「それが**戦略決定ポイント**であり、一度決めたら容易に変えられないこと」を念入りに説明する必要があります。

　一方で、現代ではアジャイルスタイルが広まっており、「試しにやってみてダメならどんどん変える」という方式で開発を進める例が増えています。つまり、**判断**自体は戦術遂行の中でも頻繁に発生するので、実務を知らない経営者層は同じ感覚で戦略的なポイントについても「試しにやってみりゃいいじゃん？」と気軽に考えてしまう可能性があります。もちろん、アジャイルは有用な方式ではありますが、それでも容易に変えられない**戦略決定ポイント**は存在します。だからこそ、「戦略と戦術を区別してコミュニケーションをとる」ことは、以前よりも重要になっているのです。

▷ その選択が持つ メリット／デメリットを念入りに説明しよう

　たとえば、あるアプリを開発する際にプラットフォームとして何を選ぶかは、**戦略的決定**の典型的なものです。そのときに説明が不十分だと、こんな事態を招くかもしれません。

経営者

iOS用とAndroid用を別々に開発しなきゃいけないのって
無駄だよね。両方いっぺんに作れるような方法ってないの？

〇〇〇〇というプラットフォームを使うと
1つのコードで両方のアプリをビルドできますが……
ただしネイティブ開発するより重くなりがちでして……

ITエン
ジニア

経営者

そんなのあるんだ？　いいね、それ使おうよ！

えっ……（デメリット気にしないの…？）

ITエン
ジニア

……そして半年後

経営者

アプリが重いって苦情が多いんだけど、どうしてこんな重いの？
なんとかならないの？

だから重くなりがちだって言ったじゃないですか！！

ITエン
ジニア

経営者

聞いてないけど！！

第8章　「問題解決」に役立つ情報整理の考え方

　「私、言いましたよね？」「聞いてない！」なんてコントのようなやり取りはした
くないものです。それには、デメリットがあるならハッキリ強調して伝えなければ
なりません。それをするべきタイミングが**戦略決定ポイント**なのです。

問題／障害／原因を区別する

　システム障害が起きたことを管理者に報告するときの第一声が「問題が起きました」だったとしても不自然ではありません。では、**問題**と**障害**は同じ意味なのでしょうか？　実は少し意味が違うのですが、その差は広く知られてはいないようです。知っておいたほうが問題解決のコミュニケーションに役立つことが多いので解説しましょう。

　基本的なイメージとしては、何かが目標に向かって進行しているときにその進行を妨げるものを**障害**と呼び、目標にたどり着かないことを**問題**と呼びます。たとえば、救急車が病院に向かって走っている途中で、止まった車が道路をふさいでいる

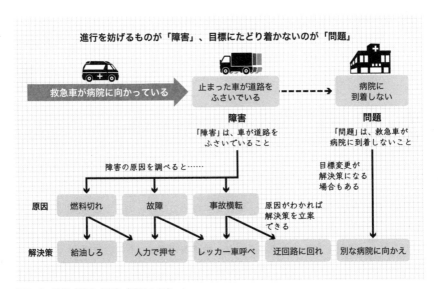

図8-6　目標／問題／障害／原因のパターン

ために進まないという事態があったら、それは**障害**です（**図8-6**）。一方、病院に到着しないことは**問題**です。したがって、「救急車が着かない？　それは**問題**だな」とは言いますが、「それは**障害**だな」とは言いません。一方、「どうして着かないんだ？」という問いに「道路をふさいでいる車があるんです」という返事があれば、それに対しては「そんな**障害**があるのか！」と言えます。**問題**と**障害**の違いの基本イメージは、このとおりです。ただし、**問題**は意味が広いので、**障害**の代わりに使うこともできます。

　次に、**問題**を解決しようとするときはたいてい、「**障害の原因**に手を打つか、**目標を変更する**」のどちらかの方法をとります。車が止まっている**原因**が燃料切れなのか故障なのか事故なのか、そのどれかによって使える解決策は異なります。そのどれも不可能な場合は「別の病院に向かえ」という**目標**変更を図る場合もあるでしょう。ざっとこのような考え方で**目標**／**問題**／**障害**／**原因**を切り分けると、解決策の立案や関係者への説明が楽になるので参考にしてください。

●●● まとめ

≫ 静的構造と動的構造を区別し、ふだん意識しない**静的構造を考える**

≫ **目的／問題／目標／方針／施策**を区別する

≫ **問題／障害／原因**を区別する

分類によって
数を減らすことに意義がある

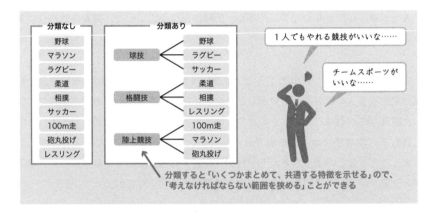

分類なし	分類あり	
野球	球技	野球
マラソン		ラグビー
ラグビー		サッカー
柔道	格闘技	柔道
相撲		相撲
サッカー		レスリング
100m走	陸上競技	100m走
砲丸投げ		マラソン
レスリング		砲丸投げ

1人でもやれる競技がいいな……

チームスポーツがいいな……

分類すると「いくつかまとめて、共通する特徴を示せる」ので、「考えなければならない範囲を狭める」ことができる

　「ある話題についての7箇条の箇条書きを分類してください」という問いを出題したところ、6：1、つまり6箇条の1グループと残り1箇条という解答が出たことがありました。このような偏った分類はあまり役に立たないことが多いので、もしそんな解答に至った場合は別の見方も考えてみてください。

　というのは、**分類**は1グループに含まれる要素数を減らして**たくさん考えずに済むようにする**ことに意義があるので、7が6に減っただけではあまり役に立たないのです。上図ではスポーツを分類する例を挙げましたが、たとえば「チームスポーツがいいな」と思ったら、格闘技や陸上競技ではなく、球技の中から選ぶのが合理的です。格闘技や陸上はほとんどが個人競技なのに対して、球技はチームで行うものが多いからです。上図では全部で9種類しか出していませんが、実際はある程度有名なスポーツだけでも数百種類はあるので、それを無分類のまま、たとえばアルファベット順に並べたリストがあっても、「これからどんなスポーツをやろうか？」と考えるときには役に立ちません。ある程度、分類してあれば、見なければならない項目数が減るので助かります。

　分類することによって**1グループの数が減る**だけでも役に立つのです。

図解するための
ビジュアルデザインの
基礎知識

情報を整理してロジック図を書こうとすると、文章だけの場合と違って色や形、フォントなどにも気を使う必要があります。そこで本章では、ITエンジニアも知っておいたほうがよい最低限のビジュアルデザイン（視覚的に情報を伝達するデザイン）のポイントについて解説します。

9-1

図解とは絵を描くことではない

　第1章でロジック図解とピクチャー図解の違いとして触れたとおり、情報整理のための図解で必要なのは「絵を描くこと」ではなく、**論理的な関係を明示する**ことです。「私は絵心がないもので、図解するのは苦手」という悩みの声をよく聞きますが、別に絵を描く必要はなく、むしろ「絵を描こうと思ってはいけない」というほうが近いぐらいなので安心してください。ここで言う「絵を描く」とは、「人の顔を描く」「アイコンや写真を使う」「図形に装飾をつける」などのことを言います。これらは情報整理のうえでは有害なことのほうが多いので、**極力使わない**ことを前提に、**どうしても使いたい最低限のところだけアイコンを入れる**といった方針をおすすめします。

　しかし、**絵は情報整理の邪魔になる**ことはあまり知られていないので、「これは複雑な話だな」「文章で書くと文字ばっかりで難しそう」「もうちょっとやさしそうに見せたいな」などと考えた場合に、思わず絵や写真を入れてしまいがちなので注意してください。具体的によくあるのは、こんな例です（**図9-1**）。

【人の顔を描いてしまう】

グラフィックファシリテーションで多用されるが、
技術解説では無意味な場合が多い

【アイコンや写真を使ってしまう】

炎　　　　　端末　　　　　ルータ

・アイコンだけでは何の意味かわからない
・抽象概念はアイコン化しにくい

【装飾過多／スペース過多】

決定

単なる「決定」ボタンを浮き出し加工
（無駄な装飾）

スペース過多

余白を取りすぎて文字が小さく読みづら
い・コントラストも低すぎる

シンプル

図形は極力シンプルなものを使うこと！

図9-1　図解しようとして絵や装飾に走ってしまう失敗

▷ 人の顔を描いてしまう

　人の発言や行動を書くときに顔を描くケースがよくあります。「議論」の活性化、
可視化を目指すグラフィックファシリテーション、グラフィックレコーディングの
分野では特に多用されます。しかし、技術解説のようなテーマでは無意味な場合が
多いですし、議論をする場合でも純粋にロジックで話を進めたいときにかえって邪
魔になることがあります。**乱用は控えましょう。**「そこに人がいることを表したい」
だけなら、目鼻なしで丸と棒だけの棒人間アイコンでも十分なことが多いです。

▷ アイコンや写真を使ってしまう

　技術解説ドキュメントで情報機器等にアイコンを使うのは、**わかりやすくなる効果が大きい**ため、通常は問題ありません。特にネットワーク構成図では、アイコンが効果を発揮します。しかし、「アイコンだけでは何の意味かわからない場合」や「抽象概念はアイコン化しにくく、かえって誤解を招く場合」もあることに注意が必要です。たとえば、ノートPCのアイコンに「端末」と描いた場合、そこにスマホは含まれるでしょうか？　アイコンがあるとスマホを含まない印象が強くなり、「端末」という言葉だけなら逆にスマホを含む印象が強くなります。たとえば、炎のアイコンは「火事」「災害」「情熱」など、さまざまな意味に使えます。結局、言葉をつけないと、正確な意味は伝わりません。しかし、アイコンを多用しすぎると、その**言葉を書く面積が削られる**分、不正確になってしまう場合があります。

▷ 装飾過多／スペース過多

　PowerPoint等のプレゼンテーションツールで図形を描くと、面取り、影、3D化、光彩など、さまざまな画像加工が簡単にできます。しかし、デザインの知識がない人が使っても素人くさく、見づらくなることが多いですし、**「情報整理」という点では意味がない無駄な時間をかけることになる**ため、基本的にはおすすめしません。画像の加工に凝るよりも、**言葉を厳選するほうに時間を使うべき**です。

　もう1つ、これは逆にデザインの知識がある人にありがちですが、**余白を取りすぎて文字が小さく、読みづらくなっている**場合があります。図9-2の中段がその例です。「スッキリきれいに見せるデザイン」を志向すると、文字を小さくして余白をたっぷり取る傾向があるため、その感覚でプレゼンテーション資料を作ると「読めないよ！」となります。**全体をなんとなくきれいに見せる一枚絵**ならそれでもよいですが、**読んでもらわなければならない資料**ではその路線は成り立ちません。

　また、中段の例では、単純な四角形ではなく、「とがった矢印の先のような形のデザイン」を使っていることも問題です。時間軸に沿って進むプロセスを表すとき

176

によく使われる表現ですが、この種の変わった形は内部に文字を収めにくく、文字数が増えたときの編集に手間がかかります。下段のように手の込んでいない単純な四角い箱を基調としたシンプルな表現は素人っぽく見えるかもしれませんが、このほうが書く側も読む側も楽なので、こちらをおすすめします。

装飾をつけるのはたいてい時間の無駄なので非推奨

すっきりきれいに見せたいときによく使われる、薄い地色に小さな白ヌキ文字／枠なし図形のデザイン。コントラストが低く、字も小さいため読みづらい。プロジェクターに写すと特に読みづらくなる

白地／大きな黒文字／枠ありのシンプルなデザインのほうが読みやすい。手の込んだ図形も使わず単純な四角い箱のため編集も楽

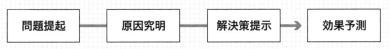

図9-2　きれいなデザインは読みにくい資料になりがち

9-2

代表的な図解手法は４種類

　情報を視覚的に表す**図解**手法は星の数ほどありますが、おおまかに分類する際に私がよく使う考え方は、**ロジック図解／ピクチャー図解／グラフ／インフォグラフィックに分ける**というものです（図9-3）。

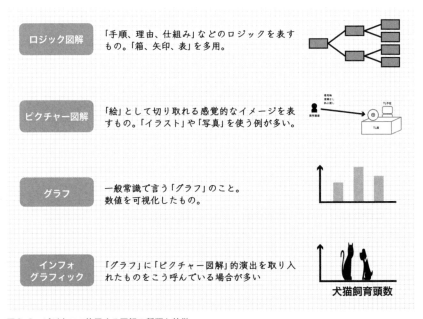

ロジック図解	「手順、理由、仕組み」などのロジックを表すもの。「箱、矢印、表」を多用。
ピクチャー図解	「絵」として切り取れる感覚的なイメージを表すもの。「イラスト」や「写真」を使う例が多い。
グラフ	一般常識で言う「グラフ」のこと。数値を可視化したもの。
インフォグラフィック	「グラフ」に「ピクチャー図解」的演出を取り入れたものをこう呼んでいる場合が多い

犬猫飼育頭数

図9-3　ビジネスで使用する図解の種類と特徴

　ロジック図解は文字通りロジック（論理的構造）を表すもの、**ピクチャー図解**は感覚的イメージを表すものです。「イメージ」は幅広い意味を持つ用語ですが、ある瞬間を写した写真のような「絵」として切り取れるものが**ピクチャー図解**だと思ってください。「要するに何が言いたいの？」という質問に対して一言で答えら

れるときは、それをピクチャー図解化できることが多いです。

　グラフは、一般常識として誰もが知っている棒グラフや折れ線グラフのような図のことで、要するに**数値を可視化した表現**です。

　インフォグラフィックは、2010年代半ばから一部で流行しています。本来の意味は上記3種をすべて含みますが、実質的には**グラフ**に**ピクチャー図解**的演出を取り入れたものを**インフォグラフィック**と呼んでいる場合が多いです。プレゼンテーションをする際に普通のグラフでは無味乾燥に見えるので、たとえば犬猫の飼育頭数を表すグラフなら棒や折れ線の代わりに犬や猫のアイコンを並べたり巨大化させたりすることで、ポップなあるいは洗練された印象を与える手法が**インフォグラフィック**です。**見て楽しい資料作り**には役立ちますが、**情報整理**ができていない段階で使うと有害です。ITエンジニアが日常業務の中で考えるべきことは、**インフォグラフィック**よりも**情報整理**のほうが何十倍も重要なので、凝りすぎないようにしましょう。

アクセントカラーと
メインカラーを考える

　私はITエンジニアが書く**報告書**の添削を業務として請け負っていますが、わかりやすく書こうとして色を使いすぎているものをよく見かけます。また、「図解する際の色の使い方」について相談されることもよくあります。どうやら「わかりやすく書くには図解が必要」と考えて図を書こうとしたときに「色分けをしなければいけない」と思い込んで、あるいはあまり考えずに不用意に**色を使いすぎてしまう**ことがあるようです。現代ではカラー印刷の費用も安くなりましたし、画面だけで見る資料も増えたため色を使える機会そのものは多いものの、安易に多色を使用するとかえってわかりにくくなってしまうので注意してください。

具体的には、次の方針を推奨します（**図9-4**）。

色を使わなくても意味が通じるように情報整理を徹底し言葉を厳選したうえで、
本当に強調したい部分だけアクセントカラー（強調色）を使う

アクセントカラーは**目立つ色**であり、多くの場合、赤やオレンジなど暖色系の色が選ばれます。それ以外の通常の情報に使う色を**メインカラー**、地の部分に使う色を**ベースカラー**と言います。

当然ですが、**本当に強調したい部分**を選ぶためには**情報整理**ができていなければなりません。逆にそれができていないときに色を使おうとすると、無秩序にカラフルな資料を作ってしまいがちです（そのような例を数多く見てきました）。

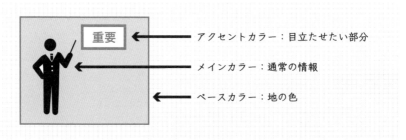

図9-4　アクセントカラー、メインカラー、ベースカラー

Webデザインなどでは、**ベース：メイン：アクセント＝70：25：5**程度の比率にすることが推奨されており、要は**アクセントカラーはここぞというところにだけ使え**ということです。

対外的な製品発表プレゼンテーションなどで用いる広報資料なら、この３色をきっちり計算して配色しますが、それはデザインのプロに任せるべき領域であり、ITエンジニアの感覚で選択するのは推奨しません。ITエンジニアが書く文書では**ベースは白系、メインは黒に近いグレー、アクセントは赤系**の決め打ちで問題ない場合が多く、配色よりも**言葉の選択に頭を使う**ほうが合理的です。

とはいえ、たとえば東京の地下鉄路線図など、非常に多くの情報が入り組んでいる場合は、色分け以外の方法でわかりやすく伝えるのはほぼ不可能です。このように**情報をわかりやすく伝えるために本当に必要なとき**は、遠慮なく多色を使いましょう。ただし、その場合でも、基本的には**赤と緑を同じページに混在させるのは極力避ける**ようにしてください。日本人男性は20人に1人、女性は500人に1人程度の割合で、この2色を区別しづらい色覚障害があるからです。どうしても赤と緑を同時に使わざるを得ない場合は、濃淡に大きな差をつけたり、形を変更したりするなど、色相以外の部分で区別できる方法を用意しておきましょう。

9-4

基本のフォントの選び方

　報告書の添削をしていて、色の使いすぎに加えてもう1つ、よくあるビジュアルデザイン関係の問題が**フォントの選択**です。ITエンジニアが日常の連絡業務でフォントを気にしなければならない場面は少ないはずです。それでも、社内／社外向けプレゼンテーションやマニュアル、教育用テキストなど、図解入りの「見た目が良く」「読みやすい」文書を作らなければならないときは、**フォントも考えて選んだほうがよい**でしょう。といっても、フォントの世界は非常に奥が深く、こだわり始めると底なしの沼が広がっています。本書では、最低限知っておくべき、ごくごく簡単なガイドラインだけを触れることにします。その前に、まず第一に言っておきたいのは、

　　　　記者を集めて製品発表するような広報用のスライドはプロに任せる

ということです。その種の資料作りでは、フォントの選択（を含むデザイン）を素人がやるべきではありません。たとえば、『表現・特徴で見つけるフォントBOOK』（ISBN：978-4839982393）などの書籍を手がかりに「見た目の印象」でフォン

トを選ぶことができますが、この「印象」のバリエーションが非常に多く、この書籍だけでも1,500を超える書体が掲載されています。素人がこの中から効果的なフォントを探し出すのは至難の業なので、重要な広報用文書はデザインのプロに作ってもらうべきでしょう。

一方で、それには向かない文書もあります。更新頻度が高い／ボリュームが多い／技術的正確さの要求が高いような文書は、デザイナーに清書してもらうのには向きません。その種の文書でも、最低限の美しさ／伝わりやすさは保ちたい、という場合には、ITエンジニア自身で選ぶ必要があります。そのために知っておきたい推奨される方針がいくつかあります。

▶「見せる」ゴシック、「読ませる」明朝

ページタイトルや段落見出しなどの**短いフレーズ**には、**ゴシック系書体**またはそれに近い、太い線の書体を使うのが基本とされています。タイトルや見出しなどは一瞬で読み取れるように「見せる」部分なので、他よりも浮き上がって目立つ必要があるからです。

それに対して、**数行以上の文章**など、「読むのに時間がかかる」本文部分は、**明朝体**を使うのが「一応」基本とされています。なぜ「一応」なのかは後述します。ちなみに、小学校の教科書では漢字学習中の小学生が理解しやすいように書き文字に近い書体の**教科書体**を使うのが一般的で、文字数が多くなる中学校以上では長文を読むのに適しているとされる**明朝体**が多くなります。

ただし、解像度の低い画面では**明朝体**の細い線がどうしても見づらくなるため、プロジェクターに映す想定の資料なら文章部分も**ゴシック系書体**を採用するのが無難です。近年、技術系の書籍では本文も含めて**ゴシック系書体**を採用しているものも多く、**「文章には明朝体」**という考え方にあまりこだわる**必要はない**でしょう。

▶ MSゴシックよりも游ゴシックまたはメイリオ

　Windows上のPowerPointやWordで作成した文書では、今でも**MSゴシック**や**MS明朝**（または、そのプロポーショナル版である**MS Pゴシック**、**MS P明朝**）が使われていることがあります。しかし、これらはWindows3.1の時代に作られたフォントで、解像度の低い環境に最適化されており、お世辞にも美しいとは言えません。8.1以降のWindowsとOS X Mavericks以降のMacOSには、**游ゴ**

游ゴシック	人口知能技術の未来
游ゴシック　Bold	**人口知能技術の未来**
	游ゴシック　Bold は見出しに使いやすい
游ゴシック　Light Bold	人口知能技術の未来
	游ゴシック Light はBold化してもあまり太くならない
メイリオ　Bold	**人口知能技術の未来**
	游ゴシック よりもポップ、低解像度でも読みやすい
Biz UD ゴシック Bold	**人口知能技術の未来**
	Biz UD 書体は読字障害があっても読みやすい
游明朝	人口知能技術の未来
	長文を読ませるなら明朝だが読字障害があると読みづらい
Biz UD 明朝	人口知能技術の未来
	Biz UD 書体は読字障害があっても読みやすい

図9-5　見せるゴシック、読ませる明朝

第9章　図解するためのビジュアルデザインの基礎知識

183

シックが標準搭載されているのでおすすめです（図9-5）。**MSゴシック**の代替としては**メイリオ**もよく使われますが、MacOSには搭載されていない（Mac版のMicrosoft Officeをインストールすれば入ります）ので、Windows-Macの相互運用性にはやや欠けます。**游ゴシック**は教科書に使っても違和感がないようなテイストの書体で、真面目なビジネス文書に向いているのに対して、**メイリオ**のほうは柔らかくポップな印象があります。私自身は真面目な文書を書く機会が多く、**游ゴシック**のほうが高級感があるため、最もよく使います。

視認性については、もともと印刷用に作られた**游ゴシック**よりも、「画面上で見ても明瞭に見える」ことを意図して設計された**メイリオ**のほうが、低解像度画面ではやや読みやすいとされています。プロジェクターを使ったプレゼンテーションなどを行う想定があり、かつ、小さめの文字がある場合には、**メイリオ**のほうが安全でしょう。ただ、いずれにしても、プロジェクターを使うなら、現地で最後尾の席から読めるかどうか確認するのは基本です。やや視認性に劣る**游ゴシック**でも、大きな文字を使うなら問題ありません。

現在、Windows上のPowerPointでは**游ゴシック**が標準設定ですが、古いテンプレートを使う場合などは**MSゴシック**が設定されていることがあるため、そのときは書体を変更しましょう。なお、**游ゴシック**にも線の太さでいくつかのバリエーションがあり、無印（ノーマル）／Light／Mediumの3種類があります。Lightは［CTRL］＋［B］キーで太字化（Bold化）してもあまり太くならず、Mediumはそこそこ太くなりますが、ノーマル版との差はあまりありません。Windows版のPowerPointでは、**游ゴシックLight**が標準設定されている場合がよくあるため、注意してください。一番目立つのは**無印＋太字化版**なので、私はよく使っています。

▷「読ませる」はずの明朝体が実は読みにくい？

先ほど、本文には**明朝体**を使うのが「一応」基本とされている、という微妙な言い方をした理由を説明します。実は、「長文を読ませる」のに向いているとされる**明朝体**が、誰にとっても読みやすいわけではないことが近年わかってきました。発

達障害の一種に、文字の読み取りを苦手とするディスレクシア（読字障害）という疾患があり、著名人としては俳優のトム・クルーズや映画監督のスティーブン・スピルバーグなどが知られています。この疾患があると、日本語では**明朝体**が特に読みづらいのです。似た書体は小学校でも使われているため、知能に問題がなくても教科書を読むのに苦労することがあり、それが原因で授業についていけなくなったり、勉強をサボっているとみなされたりする例があるとされています。

　そのため近年、**明朝体**の代わりに使える「誰にでも読みやすい書体」が開発されました。それを総称して**UD（Universal Design）フォント**と言います。**UDフォント**の中にはフォントメーカーが無料で提供しているものがあり、WindowsではWindows10 October 2018 Updateからモリサワによる**Biz UDゴシック**、**Biz UD明朝**が標準搭載されています（**図9-5**）。「誰でもストレスなく読める」ことを最優先するなら、**明朝体**の代わりに**Biz UD明朝**を第一の選択として考えることをおすすめします。私も最近では**Biz UDゴシック**、**Biz UD明朝**を使うことが多くなっています。

▶ 読みやすいほど理解が進むとは限らない？

　教育用の資料を作る機会がある方のために、「読みにくい書体のほうが理解が進む可能性がある」という研究も紹介しておきましょう。プリンストン大学が2010年に行った研究[※1]で、

> 同じ内容のテキストを読みやすいフォントと読みにくいフォントでそれぞれ用意し、それを読んでもらった後で、どれだけ覚えているかテストしたところ、読みにくいフォントのほうが正答率が高かった

[※1]　プリンストン大学の研究
「Font focus: Making ideas harder to read may make them easier to retain」
https://www.princeton.edu/news/2010/10/28/font-focus-making-ideas-harder-read-may-make-them-easier-retain

というものです。直観的には少々信じがたい結果ですが、たとえば「読みにくいフォントだと注意して解読しなければならないので集中力が高まり、その結果として正答率が高くなった」という可能性はあります。

　ただし、これが正しいとしても、成立するのはおそらく「どうしても読まなければいけない情報であり、長くても数ページ程度までの短いものに限る」という条件がつきそうです。複雑／大量の情報であれば、「なんかめんどくさそうだな」となって読み飛ばされるかもしれません。また、がんばって読んだとしても数ページ以上の長いものになってくると脳が疲れるので、その後の学習効率が落ちる可能性があります。

　この研究については、「読みにくいフォント」といっても程度の問題で、ではその「読みにくさ」を適度なレベルにコントロールできるのか、読字障害がある人にも通用するのかなど、実際に応用しようとすると、難しい問題が多々あります。そのため、そのまま鵜呑みにはできませんが、興味深い観点ではあるので、知っておくとよいでしょう。

▶ ジャンプ率を踏まえてフォントサイズを決める

　ジャンプ率は、サイズの違うフォントを使う場合の相対的な大きさ比率のことを言います。プレゼンテーション用スライドを作る際、**重要な部分は大きく、読み飛ばされても問題ない部分は小さく**するなどのように、文字の大きさを変えることがよくあります。その場合は、**大／中／小でハッキリと差をつける**ことを意識しましょう。差が小さいと、読者にはその区別が伝わりにくくなります。**1段階で最低でも1.3倍、通常は1.5倍から2倍の差をつける**ことが推奨されています（図9-6）。1.2倍程度しか差がない場合、すぐそばに隣接していれば区別できますが、離れていると差がわからず、重要でない情報にも読者が気を取られて、理解の妨げになる恐れがあります。

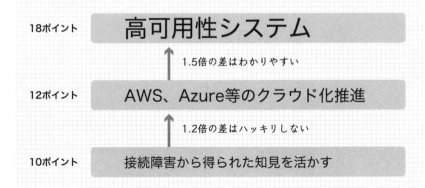

図9-6　サイズ差が明確にわかるようにする

••• まとめ

≫ 図形の装飾は時間の無駄、シンプルな形を基本に構成する

≫ 情報整理を徹底したうえで、強調したい部分だけアクセント
　カラーを使う

≫ 見せるゴシック、読ませる明朝あるいはUDフォント

階層の違う分類を
同列に並べてしまうミス

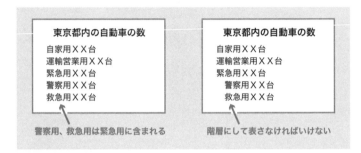

東京都内の自動車の数	東京都内の自動車の数
自家用ＸＸ台 運輸営業用ＸＸ台 緊急用ＸＸ台 警察用ＸＸ台 救急用ＸＸ台	自家用ＸＸ台 運輸営業用ＸＸ台 緊急用ＸＸ台 　警察用ＸＸ台 　救急用ＸＸ台
警察用、救急用は緊急用に含まれる	階層にして表さなければいけない

　　分類をしようとしたときに非常によくあるミスの1つが、この**階層の違う分類を同列に並べてしまう**というものです。たとえば、東京都内の自動車の数を分類する場合、警察用や救急用は緊急用に含まれるため、本来は同列に列挙するのではなく、緊急用の中のサブカテゴリとして示すのが妥当です。この種のミスは、本当によくあるので気をつけてください。

　　ちなみに、分類の階層関係に気をつけるようにすると、**微妙な意味の違いに敏感に気づけるようになる**というメリットがあります。たとえば、「警察用」と言ったときに連想するパトカーであれば「緊急用」でよさそうですが、警察が使う車にはパトカー以外のものもあるので、それらは緊急用には該当しません。また、パトカーや救急車であっても法律上の「緊急車両」として道路上で優先通行権が与えられるのは、赤色灯をつけてサイレンを鳴らしているときだけであり、通常時は緊急車両にはなりません。それを考えると、そもそも「緊急用」ではなく「警察／救急用」という分類のほうがよいかもしれません。

　　思いついた分類名を単純に列挙しているだけだと気がつきませんが、「この項目はこっちの項目に含まれるから……」と階層関係を意識していると、つじつまの合わない部分に気づいて**ふだんなんとなく使っている言葉の意味を厳密にとらえなおす**ことができます。それは、コミュニケーションギャップ防止に役立つ非常に貴重な機会なのです。

「文章」を仕上げるときの
注意事項

主に学校で教えられている「文章の書き方」は紙が貴重な時代に成立したため、中にはデジタルメディア全盛の現代には合わないものや、文学や評論では正しくてもテクニカルライティングでは成り立たないものがあります。それらを確認して「文章の常識」をアップデートしておきましょう。

段落区切りは字下げか空行か

　本書では**情報の論理構造を整理して図で表す**ことを重視していますが、そうは言っても文章が不要というわけではありません。そこで、文章（テキスト）を書く場合の注意事項にも触れておきましょう。

　まず考えたいのは、**段落区切り**は字下げか空行か問題です（**図10-1**）。長い文章を複数の段落に分割する際、段落区切りはどんな方法で示すべきでしょうか？おそらく学校の作文の授業などでは「段落の先頭行に1文字分空白を入れる」という**行頭字下げスタイル**を学んだと思いますが、これは紙が貴重な時代に少ない面積に文字数を詰め込みつつ最低限の可読性を得るために使われた手法です。オンラインで読むことが一般的になった現代では、紙の節約よりも情報の読みとりやすさが重要であり、その点では**空行を開けるブロックスタイル**のほうが適しています。この点に限らず、学校の作文や小論文のような場で一般的な「良い文章の書き方」の常識は、コミュニケーション効率の観点では必ずしも最適とは言えない部分があるため、どのような形で書くのがよいかをゼロベースで考え直すほうがよいでしょう。

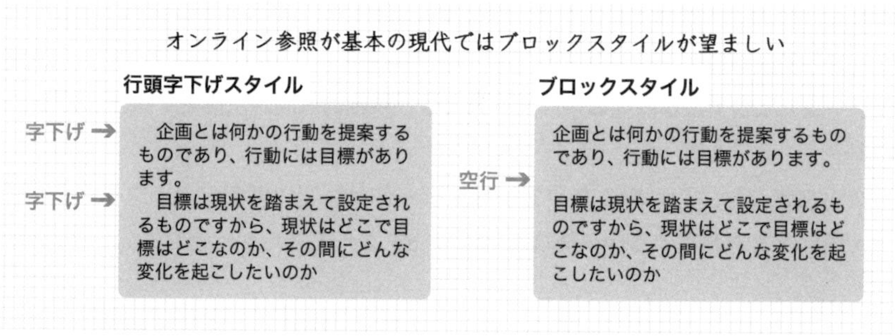

オンライン参照が基本の現代ではブロックスタイルが望ましい

| 行頭字下げスタイル | | ブロックスタイル |

字下げ → 　企画とは何かの行動を提案するものであり、行動には目標があります。

字下げ → 　目標は現状を踏まえて設定されるものですから、現状はどこで目標はどこなのか、その間にどんな変化を起こしたいのか

空行 → 企画とは何かの行動を提案するものであり、行動には目標があります。

目標は現状を踏まえて設定されるものですから、現状はどこで目標はどこなのか、その間にどんな変化を起こしたいのか

図10-1　行頭字下げスタイル対ブロックスタイル

同語反復は避けるべきか

　一般的な「良い文章の書き方」ガイドラインの中に、**同語反復を避ける**というものがあります。**図10-2**の＜同語反復例１＞を見ると「重要である」を３連発で使っていますが、このような表現にはたどたどしさを感じませんか？　それに対して、＜言い換え例１＞を見ると同語反復がなく、こちらのほうが知的水準が高そうに見えます。ボキャブラリーの乏しい小学生に作文を書かせると同語反復がよく起きますし、幼稚に見えるので避けたほうがよい、というセオリーがあります。しかし、それは常に守るべきガイドラインではありません。

　＜同語反復例２＞と＜言い換え例２＞を比べると「知的水準」の差はさらに歴然で、言い換え例は洗練された高度な文章に見えるのに対して、同語反復例は単に事実を列挙しているだけです。しかし、**事実を正確に伝えることが重要な場合には、言い換えをしてはいけない**のです。もし、これが数行だけでなく、歴代のオリンピックで実施された無数の競技について、その成績を大量に記録した文書だったらどうでしょう？　＜言い換え例２＞のようなオシャレな表現をしていたら「銀メダ

ルを取った選手をすべてリストアップしてください」といった読み方はできませんが、＜同語反復型２＞の表現をしていれば簡単です。つまり、文学ではなく**「大量のデータ」としての情報を表現する文章では、積極的に同語反復をすべき**なのです。

　技術文書には、この種の**文学ではなくデータとしての情報**を表す文章が多いので、**同じことを表現するなら同じ表現に統一するべき**であると考えてください。

同語反復のある文章は幼稚に見えるが事実は正確に伝わる

＜同語反復例1＞

> 継続した成長には売り上げの確保と利益率の向上が重要である。
> そのためには、技術力と顧客満足度を向上させることが重要である。
> それによってお客様に信頼されて価格勝負を回避することが重要である。

＜言い換え例1＞

> 継続した成長には売り上げの確保と利益率の向上が欠かせない。
> そのためには、技術力と顧客満足度を向上させることが重要である。
> それによってお客様に信頼されて価格勝負を回避することが可能になる。

＜同語反復例2＞

> トリノオリンピック女子フィギュアで
> 金メダルを取ったのは荒川静香、
> 銀メダルを取ったのはコーエン、
> 銅メダルを取ったのはスルツカヤでした。

＜言い換え例2＞

> トリノオリンピック女子フィギュアで
> 頂点に立ったのは荒川静香、
> 前評判の高かったスルツカヤは銅メダルに沈み、
> コーエンは今回も銀のコレクションを増やすにとどまった

図10-2　同語反復は避けるべきか

10-3

行頭インデントと行末折り返しの
正しい作法

若手の報告書でときどき見かけるのが、**行頭インデント**と**行末折り返し**が不ぞろいで読みづらいという現象です。**図10-3**に、その例を示します。

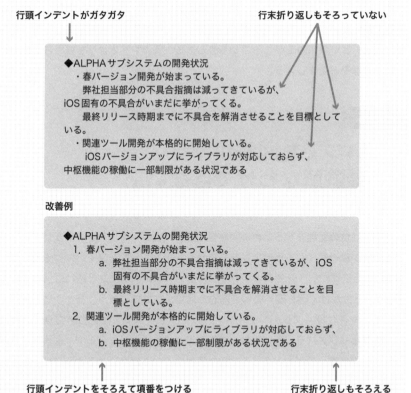

図10-3　行頭インデントと行末折り返しの正しい作法

　行頭インデントがそろっていないと非常に読みづらくなるため、**そろえましょう。**1．やa．という項番は必ず必要というわけではありませんが、議論をするときには「この項目2-aについてなんだけど」のように、項番があればどれを話題にしているかを特定しやすいので、項番をつけることをお勧めします。使う番号は、2階層であれば1、2、3／a、b、cのように数字とアルファベット小文字の組み合わせにすることが多いですが、公文書等で組織のルールが決まっている場合はそれに合わせてください。

　行末折り返しについては微妙なところで、たとえば「目標」のような単語の途中で折り返しがあると読みづらいので、**文節区切りで折り返すことを優先し、行末はそろえない**という考え方もあります。しかし、それをやると一見雑然とした「手抜きの文書」という印象を与えることもあるため、**読みやすさよりも整然さを優先したいときはそろえましょう。**

10-4

いつでも図解が最適解なわけではない

　本書では**情報整理**をするために図を書くこと（**図解**）を推奨していますが、いつでも図解が最適解になるわけではありません。きっちり図を書くのにはそれなりの時間がかかるので、1分でテキストを2行書いてSlackでポンと送れば済むような情報に、5分かけて図を書くのは合理的とは言えないでしょう。特に、情報整理がきちんとできれば、プレーンテキスト（以下、テキスト）でも**カテゴリー＆サマリー**や**グループ／パラレル／シリーズ**を明示できるようになるので、逆説的ですがロジック図を書くのが上手くなると図を使わなくても話が通じるようになります。

▷ 表形式の情報をテキストで伝える方法

図10-4の例文のような内容は、本来は表にしたほうがわかりやすいものです。しかし、たったこれだけの情報のためにExcelやPowerPoint、Wordを開いて表を作るような手間をかけたくないなら、テキストで**表形式**を表現することもできます。要は、**スペースで位置を調整して疑似的な表を作ってしまう**わけです。表の1行あたりの情報が少ないときは十分実用的な方法です。

<例文>

厚生労働省は30日、都内で新たに976人が新型コロナウイルスに感染していることを確認したと発表しました。1週間前の日曜日より162人減りました。
神奈川県の感染者数は567人で同じく46人減りました。

<表形式>

	30日の感染者数	増減
東京都	976	-162
神奈川県	567	-46

<テキストでの表形式表現>

東京都と神奈川県の30日の感染者数および前週同曜日からの増減は以下の通りです。

```
<地域>  <感染者数>  <増減>
東京     976       -162
神奈川   567       -46
```

図10-4　表形式の情報をテキストで伝える方法

ただし、「等幅フォントを使わないとレイアウトが崩れてしまうから相手先の環境依存になる……」という欠点はあるため、**表のレイアウトが崩れてもかまわない用途限定**で使いましょう。チーム内の日常的なコミュニケーションなら、それで

まったく問題ないはずです。これで間に合う話をするのに、わざわざ Excel や Word を開くのは時間の無駄です。Web サイトに載せる公式発表や客先に提出する報告書など、体裁を整えなければならない文書はもちろん別の話で、その場合は相手が要求するレベルで清書して提出しましょう。

　要は、**情報の論理構造**がわかれば、テキストだけでそれを表現する方法はけっこうあるのです。であれば、「図解するほどでもない」ような論理構造はテキストで書くほうが時間を節約でき、Slack、Notion、Teams などの組織内情報共有ツールにも載せやすく、検索しやすいというメリットもあります。

　TV 局や新聞社の Web サイトでは、この種の情報も**図 10-4**の最初の例文のように、文章で書いているものが多いですね。それは放送や新聞記事用原稿のスタイルをひきずって（流用して）Web を制作しているからなので、私たちが見習う必要はありません。

▶ ツリー構造をテキストで伝える方法

　表形式と並んでよく出てくる論理構造と言えば、**ツリー構造**です。テキストではツリーの視覚イメージをそのまま表現というわけにはいきませんが、ナンバリングとインデントを駆使してかなり近いところまで表現できます（**図 10-5**）。インデントしてあれば番号がなくてもよさそうに思えますが、2 層目以下が出てくるツリー構造の場合はたいてい項目数がもっと多くなりますし、その内容を議論するときは番号があったほうが「項目 1-3-4 について気になることがあるんだけど」のように言及しやすいので、**番号をつけることを原則にする**ことをお勧めします。番号をつければ、たとえばテキストをコピペしているうちに空白が消えた、などの事態にあっても可読性があまり下がりません。

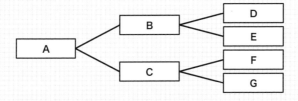

<ツリー構造>

<テキストでのツリー構造表現　番号付き>

```
1. A
  1.1　B
      1.1.1　D
      1.1.2　E
  1.2　C
      1.2.1　F
      1.2.2　G
```

<テキストでのツリー構造表現　番号なし>

```
● A
  ➢　B
      ✓ D
      ✓ E
  ➢　C
      ✓ F
      ✓ G
```

図10-5　ツリー構造の情報をテキストで伝える方法

▷ 入り組んだ参照関係をテキストで伝える方法

表形式やツリー構造はタテやヨコに整然とロジックが進みますが、現実の世界には図10-6のように「行って戻る」や「ぐるっと回る」ような、入り組んだ参照関係がある構造も存在します。この種の構造は文章で書くのには向かないので極力図解するべきですが、それでも「どうしても文章にしたい」のであればやむを得ません。図10-6下段のように、最初に構造の概要を説明してから、要素間の各接続関

第10章　「文章」を仕上げるときの注意事項

係を1つずつ説明するようにしましょう。

　概要説明の部分では、「A、B、Cは相互に接続」のように**同じパターンで捉えられる部分をできるだけまとめて書く**のがポイントです。また、四角形で表した各要素は**できるだけ短いラベルをつけて区別**します。それができないと、「○○○○○○○○と□□□□□□□□□の接続関係」のように長い名前を何度も書くことになってくどくなります。ラベルをつける場合は、①②③のような番号やアルファベットA〜Dを識別符号として付与しましょう。

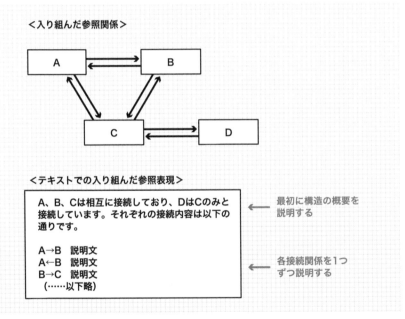

図10-6　入り組んだ参照関係をテキストで伝える方法

漢字の使いすぎと
1文の長さに注意

文章を書く場合のその他の注意点としては、**漢字の使いすぎと1文の長さ**があります。

漢字の使いすぎについては、次のような表現に特に注意してください。

形式名詞	
こと（事）	絵を描くことが好きだ。
とき（時）	雨が降ったときは独特の匂いがする。
ほど（程）	彼の実力のほどは知らない

形容詞	
おもしろい（面白い）	それはおもしろい！
ありがたい（有難い）	たいへんありがたいです。

接続詞類	
および（及び）	東京都および神奈川県
ところが（所が）	ところが、好調は長く続かなかった。

これらを漢字で書くと読みづらくなるので、基本的にはひらがなを使います。ただし、「及び」について前後の言葉がいずれもひらがなの場合は、「いちごおよびりんご」と書くより「いちご及びりんご」と書いたほうが読みやすい、といった例外はあります。いずれにしても、かな漢字変換まかせにせず、文章が読みやすいかどうか見直す習慣をつけましょう。

　続いて、**1 文の長さ**についてです。1 文が長すぎると、係り受けの関係が複雑になりがちで読みづらくなるため、一般的には **60 文字程度、長くても 100 文字程度まで**と言われています。以下に例文を示します。

> **1 文が長い例（160 字）**
> 豊富なライブラリを持ち機械学習やデータ分析、Web 開発やスクレイピング等幅広い用途に使われる Python は言語仕様によって一定の書式を強制しているため可読性の高いコードを書くことができ、インタプリタ言語のため開発サイクルを短縮しやすいことや Windows、Mac、Linux で共通して動作することからプログラミング入門にも使われる、人気の高い言語です。

> **1 文が短い例（最長 60 字）**
> Python は豊富なライブラリを持ち機械学習やデータ分析、Web 開発やスクレイピング等幅広い用途に使われるプログラミング言語です。その言語仕様によって一定の書式を強制しているため可読性の高いコードを書くことができます。インタプリタ言語のため開発サイクルを短縮しやすく、かつ、Windows、Mac、Linux で共通して動作します。これらの特徴により Python はプログラミング入門にも使われる人気の高い言語となっています。

> **箇条書き例**
> プログラミング言語 Python には以下のような特徴があります。
> - 豊富なライブラリを持ち機械学習やデータ分析、Web 開発やスクレイピング等幅広い用途に使われる
> - 言語仕様によって一定の書式を強制しているため可読性の高いコードを書くことができる
> - インタプリタ言語のため開発サイクルを短縮しやすい
> - Windows、Mac、Linux で共通して動作する
>
> これらの特徴により Python はプログラミング入門にも使われる人気の高い言語となっています。

やはり一文が長いと読みづらくなるので、100文字を超えるような文は避けたほうがよいでしょう。と言いつつ、文を短く区切ると、流れがぎこちなくなったり幼稚な文に見える場合もあります。その場合は**箇条書きにしてしまう**という方法もあります。実は、単に**情報を伝える**という目的であれば、**箇条書きのほうが書く側も読む側も楽**です。箇条書きはぶっきらぼうに見える、無味乾燥に見えるという面もありますが、そもそもITエンジニアが書く文書は文学作品でもなければ、心を込めた手紙でもないので、それらは問題になりません。箇条書きは積極的に使いましょう。

ただし、すべてが箇条書きで間に合うわけではありません。複数の要素の間に複雑な論理構造があるような情報を、全体像が見えるように書くためにはどうしても図解が必要です。「そもそもなぜ1文を短くすべきなのか」を問い直してみても、その本質は**論理構造を明確にすべき**ということであって、文字数自体は本質ではありません。文章での説明に向かない**複雑な論理構造は図解する**ことを重視してください。

まとめ

≫ オンラインで参照する文書の段落区切りは字下げよりも空行のほうがよい

≫ 行頭インデントと行末折り返しに気を配れ

≫ 簡単な表形式やツリー構造はプレーンテキストでも伝えられる

POINT
10

軸を分離して考えると、
企画を立てやすい

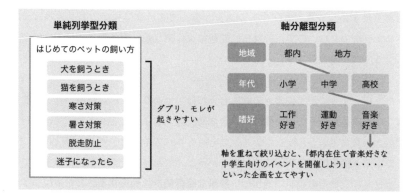

軸を重ねて絞り込むと、「都内在住で音楽好きな
中学生向けのイベントを開催しよう」‥‥‥
といった企画を立てやすい

　上図左側は、『はじめてのペットの飼い方』という架空の本の目次構成を図解
したものです。「犬／猫」という「動物種」についての情報と「寒さ／暑さ」と
いう「気候」についての情報、「脱走や迷子」についての情報等、複数の軸の情
報を単純列挙しています。ビジネス書、ノウハウ書等でありがちな構成ですが、
このような**単純列挙型分類**だと項目のダブリ／モレが起きやすくなります。しか
し、入門書のような書籍では、それが欠点になることはあまりないので、この構
成がよく使われます。

　一方、上図右側は「子ども向けのイベント企画を考える」場面を図解したもの
です。イベントや商品企画は、通常「都内在住の音楽好きな中学生向け」のよう
に複数の軸を重ねて絞り込んで立てるので、軸を分離しておくと企画を立てやす
くなります。また、すでに世の中にある類似商品がこうした軸のどこに当てはま
るかを全部調べていくと、「ポッカリ穴があいている」「まだ誰もやっていない」
組み合わせが見つかったりします。**MECE**の考え方は、このようなときに役に
立ちます。

▶ あとがき

　ITエンジニアの仕事をしていた1990年代に、個人的な興味と必要に迫られていろいろと探求していた**ロジックを可視化するスキル**が本書のもとになっています。「複雑な情報を文章だけで表現するのは無理がある。視覚的にわかる方法を追求しよう」と考えて、その方法をいろいろと考案し、今はなき『ネクストエンジニア（NEXT ENGINEER）』誌で連載を始めたのは2000年前後でした。それが大きな反響を呼んだことから、「どうやら実際にこの問題に困っている人や会社が多いらしい。であれば研修のニーズがあるのではないか？」と考えて、それを本業に転換してからすでに20年以上が経ちました。本書は、その集大成として執筆したものです。

　20年以上の間にインターネットは何十倍も高速化し、メモリもストレージも激増し、携帯電話はスマートフォン一色となり、AIがあらゆる場面に進出しましたが、人間が情報を理解する速度はそれほど変わっていません。通信速度が10倍になったからといって、人が10倍の速度で本を読めるわけではないのです。だからこそ必要なのが、本書で解説した**思考（情報）の整理**です。整理整頓して最適な形で表現された情報は、思いつくままにダラダラとベタ書きされた文章よりも何倍も早く正確に理解されます。その必要性が今後ますます明らかになっていくでしょう。

　とはいえ、**思考（情報）の整理**は筋力トレーニングのようなもので、理屈は単純ですが即効性はなく、継続することで少しずつ身についていく地味なスキルです。1日だけ猛烈な筋トレをやっても翌日筋肉ムキムキにはならないように、思考の整理のスキルも少しずつ伸びていくものです。1日5分だけでもよいので、ぜひ継続的にトライしてください。

　以前書いた本の読者から、「昇進できたのは、開米さんの本を何度も読んで実践したからだと思う」という声をいただいたことがあります。本書の内容も読者の皆様の役に立つことを願っています。

開米 瑞浩

Index

▷▷ 著者紹介

開米 瑞浩 (かいまい みずひろ)

1986年東京大学理科一類に入学するも、コミュニケーションに問題を抱えメンタルを崩し中退。プログラマーを始めたもののやはり周囲とうまくコミュニケーションがとれず挫折。しかしそれらの経験をふまえて難解な技術情報の論理構造を整理し図解説明する技術の教育研修カリキュラムを開発し、2003年から独立し企業人材教育を手がける。著書に『エンジニアのための伝わる書き方講座』（技術評論社）、『エンジニアを説明上手にする本』（翔泳社）など13冊。テクノロジー、サイエンス分野のライターや教材開発も手がける。

装丁／本文デザイン　和田奈加子
　　　　　　　DTP　株式会社シンクス
　　　　　　　編集　コンピューターテクノロジー編集部
　　　　　　　校閲　東京出版サービスセンター

本書のご感想をぜひお寄せください
https://book.impress.co.jp/books/1122101095

読者登録サービス
CLUB impress

アンケート回答者の中から、抽選で図書カード(1,000円分)
などを毎月プレゼント。
当選者の発表は賞品の発送をもって代えさせていただきます。
※プレゼントの賞品は変更になる場合があります。

■商品に関する問い合わせ先

このたびは弊社商品をご購入いただきありがとうございます。本書の内容などに関するお問い
合わせは、下記のURLまたは二次元バーコードにある問い合わせフォームからお送りください。

https://book.impress.co.jp/info/

上記フォームがご利用いただけない場合のメールでの問い合わせ先
info@impress.co.jp

※お問い合わせの際は、書名、ISBN、お名前、お電話番号、メールアドレス に加えて、「該当する
ページ」と「具体的なご質問内容」「お使いの動作環境」を必ずご明記ください。なお、本書の範囲
を超えるご質問にはお答えできないのでご了承ください。

●電話やFAX でのご質問には対応しておりません。また、封書でのお問い合わせは回答までに日数をい
ただく場合があります。あらかじめご了承ください。
●インプレスブックスの本書情報ページ https://book.impress.co.jp/books/1122101095 では、本書
のサポート情報や正誤表・訂正情報などを提供しています。あわせてご確認ください。
●本書の奥付に記載されている初版発行日から3年が経過した場合、もしくは本書で紹介している製品や
サービスについて提供会社によるサポートが終了した場合はご質問にお答えできない場合があります。

■落丁・乱丁本などの問い合わせ先
FAX　03-6837-5023
service@impress.co.jp
※古書店で購入された商品はお取り替えできません。

エンジニアが知っておきたい思考の整理術

複雑な情報を【理解する】【伝える】テクニック

2023年12月21日　初版第1刷発行

著　者　開米 瑞浩（かいまい みずひろ）

発行人　高橋隆志

発行所　株式会社インプレス
　　　　〒101-0051　東京都千代田区神田神保町一丁目105番地
　　　　ホームページ　https://book.impress.co.jp/

印刷所　株式会社暁印刷

ISBN978-4-295-01829-2　C3055

Printed in Japan